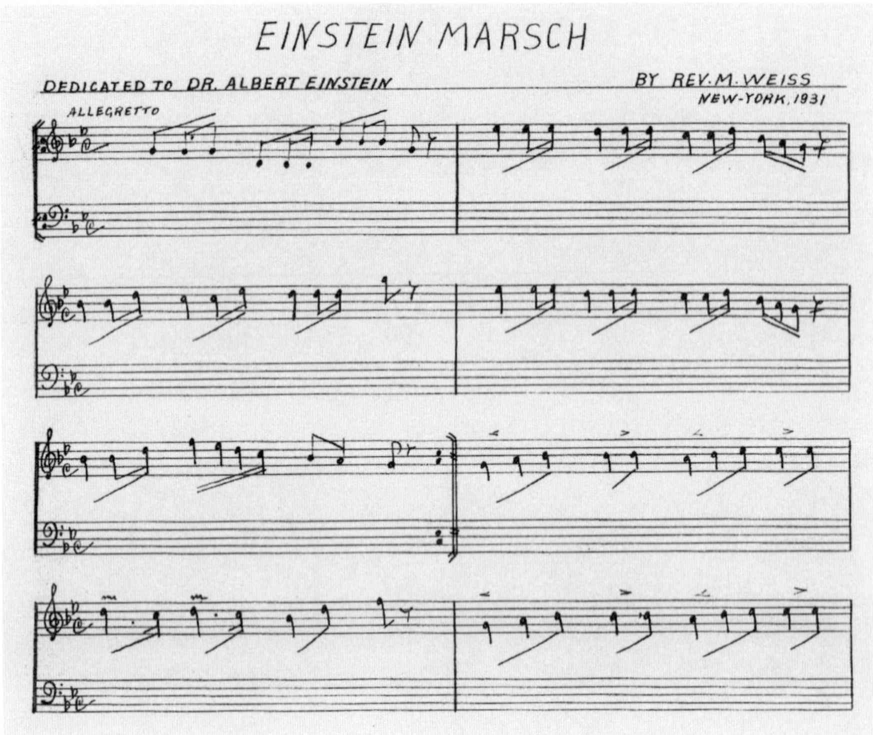
EINSTEIN MARSCH
DEDICATED TO DR. ALBERT EINSTEIN
BY REV. M. WEISS
NEW-YORK, 1931
ALLEGRETTO

Ivana Rentsch und Anselm Gerhard (Hrsg.)

Musizieren, Lieben – und Maulhalten!

Albert Einsteins Beziehungen zur Musik

Schwabe Verlag Basel

Umschlagabbildung: Albert Einstein 1931 an Bord des Ozeandampfers «Belgeland» (Keystone, Zürich).
Frontispiz: Mark Weiss: *Einstein Marsch* (mit freundlicher Genehmigung des Albert-Einstein-Archivs der Hebräischen Universität Jerusalem).
Dem Pazifisten Albert Einstein gewidmet.

Gesamtherstellung: Schwabe AG, Druckerei, Muttenz/Basel
Printed in Switzerland
ISBN-13: 978-7965-2223-9
ISBN-10: 3-7965-2223-8

www.schwabe.ch

Inhaltsverzeichnis

Vorwort

Längst hat Albert Einsteins Ruhm die Schallmauer naturwissenschaftlicher Fachkreise durchbrochen. So scheint es selbstverständlich, dass der Physiker hundert Jahre nach seinen epochalen Entdeckungen von 1905 im damaligen Wohn- und Arbeitsort Bern nicht allein als Gegenstand von Tagungen, Festakten und Ausstellungen gewürdigt wird. Vielmehr ist Einstein dank seiner Eigenschaft als geistiges Allgemeingut auch bestens für dekorative und kommerzielle Zwecke geeignet: Entsprechend ziert sein Antlitz neben den Schaufenstern von Berner Kleidergeschäften und Metzgereien auch einen eigens für das Jubiläumsjahr kreierten Einstein-Lebkuchen. Dass dabei auf dem Gebäck, das die unglaublichen Leistungen des Sechsundzwanzigjährigen preisen sollte, ein Altersbild mit der obligaten wirren Frisur prangt, entspricht durchaus der gängigen Vorstellung.

Das Klischee vom unkonventionellen Genie wird jedoch nicht nur von den gleichsam alterslosen Photographien aus den letzten Lebensjahren des Witwers gespeist, sondern ebenso von der Geige als typischem Accessoire. Untrennbar verbunden mit unserem Bild vom wohl populärsten Physiker aller Zeiten sind seine Liebe zur Musik und die Tatsache, dass er nahezu jede Gelegenheit zum kammermusikalischen Zusammenspiel ergriffen hat. Wenn man bedenkt, dass Einsteins Berühmtheit ins Unermessliche steigen konnte, obwohl oder weil – um ein Charlie Chaplin zugeschriebenes Bonmot aufzugreifen – seine Arbeiten von niemandem verstanden werden, mutet der musikalische Eifer des ‹übermenschlichen› Genies geradezu irdisch an.[1] Diese leichter vorstellbare Seite seiner Lebenswirklichkeit scheint selbst einem Laien den Zugang zum Phänomen Einstein zu ermöglichen. Entsprechend schnell ist denn auch die landläufige Vermutung bei der Hand, dass musikalische Begabung und naturwissenschaftliches Talent einander irgendwie begünstigen. Zieht man die Konsequenzen aus diesem beliebten Denkmodell, so wäre Einstein am Ende gar wegen seiner Musikalität dazu prädestiniert gewesen, Newtons Weltbild zu relativieren. Diese Theorie aus dem Reich der Märchen und Legenden zu befreien soll jedoch nicht Gegenstand der vorliegenden Publikation sein.

Dennoch eröffnet die Frage nach Einsteins Beziehungen zur Musik ein zweifellos reiches Assoziationsfeld. So werden etwa Festivitäten im Rahmen der Einstein-Jubiläen gerne mit Kompositionen gewürzt, die von naturwissenschaftlichen Vorstellungen des vergangenen Jahrhunderts beeinflusst sein könnten. In Potsdam zum Beispiel erklang zu Ehren von Einsteins ‹annus mirabilis› 1905 ein

1 Charlie Chaplin anlässlich der Premiere seines Films *City Lights* vom 31. Januar 1931 in Los Angeles; siehe Albrecht Fölsing: *Albert Einstein. Eine Biographie.* Frankfurt am Main: Suhrkamp, 1995, S. 515f.

Konzert mit *The Planets* von Gustav Holst und *Atmosphères* von György Ligeti – Werke, die gewiss nicht auf das Interesse des zu feiernden Amateurmusikers gestossen wären. Mit Blick auf Einstein scheinen uns solche assoziativen Verknüpfungen zwischen moderner Physik und der Kompositionspraxis des 20. Jahrhunderts wenig fruchtbar, ist es doch gerade in seinem Fall um das Verhältnis von Musik und Naturwissenschaft so einfach nicht bestellt. Folglich soll die Liste der vagen Andeutungen auch nicht unnötig verlängert, sondern vielmehr ein Blick hinter das Klischee des zerzausten Genies mit der Geige geworfen werden. Es ist an der Zeit, sich dem hier zu umreissenden Problemfeld mit derselben Skepsis gegenüber eingewurzelten Meinungen und überkommenen Hypothesen zu nähern, die dem bedeutenden Physiker in seinem Hauptberuf erst epochale Arbeiten ermöglicht haben. Das geht freilich nicht ohne eine kritische Distanz gegenüber der Person Einsteins, eine Distanz, die im allgemeinen Einstein-Taumel durchaus als ‹Majestätsbeleidigung› anmuten mag. Schliesslich ist bekannt, dass Einstein selbst die ihn emotional berührende Musik von solchem Hinterfragen ausnehmen wollte. So hat er 1928 die Frage eines Interviewers mit den schnoddrigen Worten beantwortet: «Zu Schubert habe ich nur zu bemerken: Musizieren, Lieben – und Maulhalten!»[2] Und 1930, in einem Pressegespräch mit dem grossen indischen Dichter Rabindranath Tagore, verstieg er sich sogar zu der Behauptung: «The difficulty is that really good music, whether of the East or of the West, cannot be analyzed.»[3]

Im folgenden soll nun Albert Einsteins ‹Analyseverbot› ignoriert werden, und dies aus gutem Grund: Indem er Musik als ein Phänomen verteidigte, das mit Worten nicht zu fassen sei, räumte er ihr den Status des ‹Unaussprechlichen› und damit indirekt eine göttliche Qualität ein. Bei solch herausragender Bedeutung konnte die Musik aber unmöglich beziehungslos neben dem beruflichen Hauptinteresse Einsteins, der Physik, stehen. Bis zu welchem Punkt sich Naturwissenschaft und Musik als Parallelen in Einsteins Weltbild begreifen lassen, legen die Beiträge von Hans-Joachim Hinrichsen und Ivana Rentsch dar. Dabei soll aber nicht ausser acht gelassen werden, dass Einsteins musikalisches Ideal keineswegs so ‹objektiv› war, wie er es wohl selbst gerne glauben wollte. Die lebenslange Vorliebe für Mozart etwa erscheint weniger als logische Folge einer abstrakten Musikauffassung, sondern vielmehr als Ausdruck von Einsteins Sozialisation im jüdisch-deutschen Bürgertum des Kaiserreichs. Entsprechend gliederte sich Einstein denn auch mit seinem Hang zum stundenlangen Geigen- und Klavierspiel in

2 Brief Albert Einsteins an den Presse-Verlag Dr. H. Dammert vom 10. November 1928, im Albert-Einstein-Archiv, Jerusalem, Nr. 46-014 (Durchschlag).

3 Zitat Albert Einstein: Gespräch mit Rabindranath Tagore (1930), nachgedruckt in: *The Kenyon Review. New Series* 23 (2001), H. 2, S. 30.

den Rahmen der bürgerlichen Hausmusiktradition ein. Jenseits soziologischer Implikationen war aber mit der Wertschätzung des praktischen Musizierens zugleich ein Berührungspunkt gegeben, der es Profi- wie Amateurmusikern erleichterte, den einflussreichen Physiker anzusprechen. Solche Kontaktaufnahmen begannen in der Regel mit einem musikalischen Vorwand, der als Einleitung für die Exposition verschiedenster Anliegen diente. Begnügte sich Bohuslav Martinů damit, seinem wissenschaftlichen Idol eine Komposition zu widmen, so drehte sich der von Albrecht Riethmüller erörterte unerfreuliche Briefwechsel Arnold Schönbergs mit Einstein um handfeste politische Themen. Mit welcher Konsequenz sich der Physiker für seine zionistischen Ziele einsetzte, zeigt auch das von Nils Grosch rekonstruierte Engagement für den *Weg der Verheissung*, ein monumentales Bühnenwerk von Franz Werfel, Kurt Weill und Max Reinhardt. Nicht allein auf das jüdische Selbstverständnis zurückzuführen ist hingegen Albert Einsteins jahrelange Freundschaft mit dem Musikwissenschaftler Alfred Einstein. Welche Gemeinsamkeiten derjenige Einstein, der von Musik nicht reden mochte, mit demjenigen Einstein teilte, der das Sprechen über Musik zu seinem Beruf gemacht hatte, wird in Anselm Gerhards Beitrag dargelegt.

Neben den genannten namhaften Künstlern und Wissenschaftlern wandten sich auch unzählige Hobbymusiker, Geigenbauer und Instrumentenerfinder an Einstein, sei es um ihn zu einem werbewirksamen Gutachten zu bewegen oder um Unterstützung bei ihrer Emigration in die USA zu erhalten. Wie tief das Bild des musizierenden Einstein im öffentlichen Bewusstsein verankert war, zeigt eine Collage bislang unveröffentlichter Quellen, die Barbara Wolff, Mitarbeiterin am Albert-Einstein-Archiv in Jerusalem, zusammengetragen hat. Avancierte Einstein bereits während seines Lebens zu einer Ikone, die nur bedingt mit dem realen Physiker in Einklang gebracht werden konnte, so wurde sein Name *post mortem* endgültig zu einem frei schwebenden Symbol. Als Sinnbild für politische Verantwortung und als Allegorie für die Gefahren der Atomphysik fand er sogar den Weg auf die Opernbühne; welche Funktionen der Protagonist ‹Albert Einstein› im Musiktheater des 20. Jahrhunderts zu erfüllen hatte, beschreibt Arnold Jacobshagen.

In der Rezeption des Naturwissenschaftlers als gesellschaftspolitisches Symbol fand eine Entwicklung ihr vorläufiges Ende, die mit fünf physikalischen Aufsätzen im Jahr 1905 begonnen hatte. Infolge des immensen Echos, das seine wissenschaftlichen Leistungen mit vierzehnjähriger Verspätung auslösten, wurde Einstein zu einer öffentlichen Person mit einem Wirkungskreis weit über die Physik hinaus. Die historische Bedeutung des Naturwissenschaftlers rechtfertigt es schliesslich auch, seine lebenslange Auseinandersetzung mit Musik nicht allein unter dem Aspekt der privaten Liebhaberei zu betrachten und den Blick auf die musikgeschichtlichen Folgen von Einsteins weltweitem Ruf als «Genie mit der

Geige» zu richten.[4] Das phänomenale Ausmass seiner Berühmtheit erklärt also nicht nur das mangelnde Interesse an Heisenberg-Lebkuchen oder Hertz-Konfekt, sondern auch, warum sich die vorliegende Publikation weder auf Johannes Stark (Nobelpreis 1919) noch auf Niels Bohr (Nobelpreis 1922) bezieht. Der Nobelpreisträger von 1921 war eben nicht nur Physiker.

Ivana Rentsch und Anselm Gerhard

4 Siehe Adolf W[alter] Meichle: *Das Genie mit der Geige. Albert Einstein als Geigenspieler. Eine weniger bekannte Leidenschaft des grossen Denkers.* Muri bei Bern: Albert-Einstein-Gesellschaft, 2005.

Albert Einsteins Geige

Musikalische Bildung als Symptom jüdisch-deutscher Akkulturation im Kaiserreich

Hans-Joachim Hinrichsen

Dass Albert Einstein gern und häufig musizierte, scheint zum Grundbestand auch des nur oberflächlichsten biographischen Wissens über ihn zu gehören. Zu seinem Bekanntenkreis zählten gleichermassen berühmte Physiker wie namhafte Musiker.[1] Mit beiden Gruppen pflegte Einstein zeitlebens auf intensive Weise Kammermusik; in keiner der zahlreichen Einstein-Monographien, die zum Teil im Jubiläumsjahr in Neuauflagen auf den Markt drängten, fehlt der Hinweis darauf. Wo aber nichtspezialisiertes biographisches Grundwissen mit einer wenigstens vage konkretisierten Vorstellung eines Persönlichkeitsbildes zusammentrifft, blüht sehr schnell das Textgenre der Anekdote, und mit Einsteins Musizieren befassen sich daher denn auch nicht wenige mehr oder weniger gut erfundene Exemplare dieser Gattung. Anekdoten sind Dokumente der Rezeptionsgeschichte und als solche gute Indikatoren für die Eignung ihrer Protagonisten zur Popularität. So gesehen, lässt sich aus ihnen durchaus lernen.

Eine von ihnen stelle ich an den Beginn meiner Ausführungen gerade deshalb, weil sie mir sehr untypisch zu sein scheint, denn sie ist die einzige, die Einsteins Geigenspiel nicht – wie sonst stets – als Gegenstand offener Bewunderung oder doch wenigstens respektvollen Staunens präsentiert, sondern es nur zum (beliebig austauschbaren) Anlass für ihre Pointe macht. Der Komödiendichter Ferenc Molnár soll sich ihr zufolge in einer Gesellschaft über Einsteins Geigenkünste mokiert haben. Einsteins Reaktion: «Warum lachen Sie, Molnár? Ich lache auch nicht in Ihren Lustspielen»[2] – eine nicht besonders gut verbürgte, zudem mit ihrer Pointe typische Wanderanekdote und daher gerade zur Kennzeichnung ihres Gegenstands nicht geeignet. Weit interessanter ist die von Einsteins Schwiegersohn Rudolf Kayser bezeugte (oder doch bloss gut erfundene?) Besprechung eines Zeitungskritikers aus den zwanziger Jahren: «Einstein spielt ausgezeichnet. Sein Weltruhm aber ist unbegründet. Es gibt viele ebensogute Geiger.»[3] Der witzige

1 Armin Hermann: *Einstein. Der Weltweise und sein Jahrhundert. Eine Biographie*. 2. Aufl. München/Zürich: Piper, 2005, S. 344. – Für wertvolle Ratschläge und Hinweise bin ich Daniel Jütte und Jürgen Oelkers zu herzlichem Dank verpflichtet.

2 Ebenda, S. 338.

3 Anton Reiser [d.i. Rudolf Kayser]: *Albert Einstein. A Biographical Portrait.* New York: Boni, 1930, S. 203, zitiert nach Hermann: *Einstein* (wie Anm. 1), S. 341.

Kontrast zwischen dem Gelehrten von internationalem Rang und dem dilettierenden Musiker, der sich gern für Wohltätigkeitskonzerte zur öffentlichen Verfügung stellte, ist das eine: Nach diesem Muster sind viele Einstein-Anekdoten gebaut, so etwa das ebenfalls von Kayser überlieferte Bonmot eines Witzbolds angesichts sich häufender Auftritte Einsteins, dass nun bald Fritz Kreisler die physikalischen Vorlesungen übernehmen müsse.[4] Die andere Seite aber ist für unseren Zusammenhang viel interessanter: nämlich der durchscheinende ehrliche Respekt vor dem technischen Niveau von Einsteins Violinspiel, mit dem ich nun auch das erste der hier zu behandelnden Themen gewinne, die ich, wenn auch stets miteinander verbunden, doch in geordneter Reihenfolge abhandeln möchte. Allen diesen Fragen gemeinsam ist das übergeordnete Problem, wie und ob sich Albert Einsteins Beziehung zur Musik in Relation zu den Bedingungen jüdisch-deutscher bildungsbürgerlicher Sozialisation im Kaiserreich bringen lässt. Vor diesem Hintergrund gehe ich im folgenden drei Fragen nach:

1. Wie war es um Einsteins musikalische Ausbildung und um seine musikalisch-technischen Fähigkeiten bestellt?
2. Was besagen Einsteins musikalische Vorlieben und Abneigungen über sein ästhetisches Reflexionsvermögen?
3. Welchen Stellenwert hat die Auseinandersetzung mit Musik in Einsteins privatem, wissenschaftlichem und öffentlichem Leben gehabt?

I. Einsteins musikalische Fähigkeiten

Albert Einstein verdankt seine musikalische Erziehung nach allem, was man weiss, allein und ausschliesslich seiner Mutter. Dass sie selbst eine fähige Pianistin war, mag auch erklären, warum ihr Sohn nicht Klavier, sondern Geige lernte: Sie erzog sich in ihm mit System und Beharrlichkeit einen Kammermusikpartner. Schon den Sechsjährigen – nach der Erinnerung von Einsteins Schwester Maja sogar den Fünfjährigen[5] – gab sie zum Violinunterricht zunächst bei einem Herrn Schmied, später bei wechselnden anderen Lehrern zur Ausbildung.[6] Ein Erfolg stellte sich allerdings erst, bezeichnend für den jeglichem Schuldrill abholden jungen Einstein, nach dem Fortfall aller pädagogischen Zwangsmassnahmen ein, und hier taucht in Einsteins spät notierter Erinnerung auch bereits der musikalische Fixstern seines gesamten Lebens auf: «Ich hatte im Alter zwischen 6 & 14 Violinstunden, hatte aber mit meinen Lehrern kein Glück, denen die Musik nicht über das Handwerks-

4 Ebenda.
5 *The Collected Papers of Albert Einstein. Volume I: The Early Years, 1879–1902.* Hrsg. von John Stachel. Princeton: University Press, 1987, S. LVIII.
6 Albrecht Fölsing: *Albert Einstein. Eine Biographie.* Frankfurt am Main: Suhrkamp, 1995, S. 39.

mässige hinausging. Ich lernte erst etwas von 13 an, nachdem ich mich hauptsächlich in die Mozartsonaten verliebt hatte. Das Bestreben, diese einigermassen in ihrem künstlerischen Gehalte und in ihrer einzigartigen Grazie wiederzugeben, zwang mich zur Verbesserung meiner Technik, die ich an diesen Sonaten erwarb, ohne je systematisch zu üben. Ich glaube überhaupt, dass Liebe eine bessere Lehrmeisterin ist als Pflichtbewusstsein, bei mir wenigstens sicher.»[7] Ein Instrumentalstudium also (das auch Fähigkeiten im Klavierspiel mit einschloss, die Einstein aber nie öffentlich demonstrierte) mit bemerkenswert autodidaktischen Zügen auf der Basis einer am Beginn der Pubertät entflammten Liebe zu Mozart: Aus diesem Stoff war Einsteins musikalische Existenz. Auch nach der Erinnerung der ihrerseits gut Klavier spielenden Schwester war das Anfangs- wie das Lieblingsrepertoire «die Mozart- u. Beethovenschen Sonaten, wobei ihn die Mutter auf dem Klavier begleitete».[8]

Im Hause Einstein, so erinnert sich die Schwester weiterhin, «wurde viel & gut musiziert».[9] Wenn es demnach Einsteins Mutter, Pauline Koch, gewesen ist, die unter Zugrundelegung des klassischen deutschen Repertoires für die musikalische Bildung und Ausbildung des Sohnes sorgte, so scheint dies zunächst nichts weiter als ganz und gar typisch zu sein. Dass die Sphäre musikalischer Bildung als existentiell erfahren wird, in früher Kindheit gegründet wird und an die Figur der Mutter geheftet bleibt, ist auch für zahllose andere Jugendliche aus dem deutsch-jüdischen Bürgertum der Jahrhundertwende bezeugt; eine Generation nach Einstein wird etwa die musikalische Sozialisation Theodor W. Adornos nach ähnlichem Muster, wenn auch mit gänzlich anderem Resultat verlaufen. Musik und die durch sie vermittelte Bildung als Domäne der Frau ist ein wichtiger Bestandteil jüdischer Frauengeschichte, und diese, erst ansatzweise in ihrer *differentia specifica* als historischer Forschungsgegenstand erkannt, zeigt ein durchaus komplexeres Bild als das übliche der jüdisch-deutschen Identität.[10] Die Familie, in die Albert Einstein 1879 hineingeboren wurde, bietet hier keine Ausnahme, sondern vielmehr ein Musterbeispiel jüdisch-deutscher Akkulturation (wie die neuere Forschung mit Recht den schiefen und meist unzutreffenden Assimilationsbegriff ersetzt). Wenn der Akkulturationsbegriff «die Übernahme von objektiven Verhaltensweisen und Normen der Kultur eines Landes»[11] meint, dann ist damit jene

7 Albert Einstein: Briefentwurf an Philipp Frank, 1940, in: *The Collected Papers of Albert Einstein* I (wie Anm. 5), S. LVIII (Fussnote 39).

8 Ebenda, S. LXII.

9 Ebenda, S. LVIII.

10 Marion A. Kaplan: Women and the Shaping of Modern Jewish Identity. In: Shulamit Volkov (Hrsg.): *Deutsche Juden und die Moderne.* München: Oldenbourg, 1994, S. 59.

11 Marion A. Kaplan: *Jüdisches Bürgertum. Frau, Familie und Identität im Kaiserreich* (Studien zur jüdischen Geschichte 3). Hamburg: Dölling und Galitz, 1997, S. 25.

prekäre Ausbildung und Aufrechterhaltung einer doppelten Identität erfasst, mit der im Deutschland des 19. Jahrhunderts die Juden auf den gesellschaftlichen Modernisierungsprozess reagierten. Mit der allmählichen Verlagerung der praktizierten Religion in die Privatsphäre gingen der Verlust des Diasporabewusstseins und der Wandel der jüdischen Gemeinde zur «Kultusgemeinde» einher.[12] Zum Schlüsselbegriff für diese Art der Verbindung zur deutschen Kultur ohne das Aufgeben der religiösen und kulturellen Eigenart wurde im jüdisch-deutschen Bürgertum das Phänomen der klassischen Bildung: als säkularisierte Form einer spezifisch jüdischen Tradition des Lernens in der öffentlichen Funktion eines Religionssurrogats. Gerade der Bildungsprozess also war im deutschen Judentum des Kaiserreichs ein komplizierter Vorgang der Akkulturation, nicht einfach der Assimilation, auf dessen Resultat 1895 der Berliner Rabbiner Moritz Levin mit einem feinen Gespür für die Valeurs des Kulturbegriffs mit Stolz verwies: «Die Reform hat auch einen erziehlichen Einfluss geübt auf Haltung und Sprache; wir erscheinen hier nicht mehr als die Orientalen, sondern als Deutsche jüdischen Bekenntnisses; wir sind demnach nicht bloss eine Kultusgemeinde, sondern auch eine Kulturgemeinde.»[13] Veröffentlichtes Deutschtum als Kehrseite eines privatisierten Judentums, wie es Marion Kaplan für das jüdisch-deutsche Bürgertum der Jahrhundertwende festgestellt hat,[14] zog sich, die Geschlechter sehr unterschiedlich betreffend, als nicht immer leicht zu bewältigender Konflikt quer durch die jüdische Familie selbst hindurch; Agentinnen dieser Bewältigungsstrategie waren in erster Linie die Frauen. Ihnen oblag die in ihrem Folgenreichtum kaum zu überschätzende kulturelle Leistung der Konstruktion der «German-Jewish bourgeois family»[15] mit jener typischen Privatisierung der Religiosität, die auch dem jugendlichen Albert Einstein jenen Ausbau seines Weltbildes erleichterte, in dem Naturwissenschaft und Musik, wie noch gezeigt werden soll, auf sehr bezeichnende Weise ineinandergriffen. «Die Juden entwickelten ihre doppelte Identität als Juden und Deutsche, wie die deutsche Mittelschicht die ihre, auf der Grundlage häuslicher Werte und des privaten Familienlebens. Eine gebildete Familie zu sein bedeutete ihren Mitgliedern, ‹Deutschtum› und ‹Judentum› gleichermassen zu

12 Amos Funkenstein: Reform und Geschichte. Die Modernisierung des deutschen Judentums. In: Volkov: *Deutsche Juden und die Moderne* (wie Anm. 10), S. 8.

13 Zitiert nach Leon Botstein: *Judentum und Modernität. Essays zur Rolle der Juden in der deutschen und österreichischen Kultur 1848 bis 1938.* Wien/Köln: Böhlau, 1991, S. 29.

14 Kaplan: *Women and the Shaping of Modern Jewish Identity* (wie Anm. 10), S. 57. Kaplans Resultate basieren auf der Durchforstung von Memoirenliteratur; sie lassen sich durch systematische bildungsgeschichtliche Forschungen weitgehend bestätigen (vgl. dazu Andreas Hoffmann: *Schule und Akkulturation. Geschlechtsdifferente Erziehung von Knaben und Mädchen der Hamburger jüdisch-liberalen Oberschicht 1848–1942* [Jüdische Bildungsgeschichte in Deutschland 3]. Münster: Waxmann, 2001, S. 171).

15 Kaplan: *Women and the Shaping of Modern Jewish Identity* (wie Anm. 10), S. 61.

leben.»[16] Wenn Einsteins Schwester Maja in ihren Memoiren die «musikalische Anlage» ihres Bruders dem mütterlichen, die «mathematische & logische» hingegen dem väterlichen Zweig der Familie zuschreibt,[17] erfüllt sie damit zweifellos ein Klischee bildungsbürgerlicher deutsch-jüdischer Selbstwahrnehmung, erfasst aber auch dokumentierbare Sachverhalte des Einsteinschen Sozialisationsalltags.

Bevor wir uns aber dem Inhalt und dem Profil dieser musikalischen Bildung des grossen Physikers zuwenden, soll noch gefragt werden, was und wie Einstein wirklich spielen konnte. Wie war es um die Technik bestellt, die er sich als Jugendlicher nach eigener Aussage ohne eigentliches Üben, sondern auf der Suche nach dem «künstlerischen Gehalte» und der «einzigartigen Grazie» der Mozartschen Violinsonaten angeeignet hat? Früh an die Musik und das Musizieren herangeführt, aber ohne systematische, geschweige denn professionelle Ausbildung, war Einstein ein begabter Dilettant im besten Sinne: Angehöriger jener bildungsbürgerlichen Trägerschicht der Musikkultur, ohne die vor der kommerziellen Durchsetzung der technischen Klangreproduktion ein Musikleben oder eine allgemeine musikalische Bildung ohne jede Basis gewesen wäre. Für Einsteins Schwester war seine musikalische Begabung die natürliche Kehrseite der mathematischen;[18] dass viele Äusserungen Einsteins in der Tat ein dementsprechendes Selbstverständnis beweisen, wird noch zu zeigen sein. Neben den familieninternen und möglicherweise parteiischen Erinnerungen an die «natürliche Anlage» Einsteins zur Musikalität[19] gibt es ein bemerkenswertes, weil gleichsam *per definitionem* ‹objektives› Zeugnis über das Violinspiel des Siebzehnjährigen. In einem «Bericht über die *Instrumentalmusikprüfung*» der Aarauer Kantonsschule vom Frühjahr 1896 heisst es, unterzeichnet von Johann Jakob Ryffel, dem Direktor des Aargauer Lehrerseminars in Wettingen: «Geprüft wurden 17 Schüler: 8 im Klavier- u. 9 im Violinspiel [...]. Im *Violinspiel* zeigte sich da & dort noch etwelche Steifheit in der Bogenführung, sonst wurde im Allgemeinen recht Erfreuliches geleistet, sowohl in technischer Beziehung, als auch punkto Intonation. Ein Schüler, Namens Einstein, brillirte sogar durch verständnissinnige Wiedergabe eines Adagio aus einer Beethoven'schen Sonate. Sehr hübsche Leistungen wiesen auch Hasler & Wohlwend auf.»[20] Bemerkenswert ist dieses Zeugnis in seiner nüchternen Positivität schon allein darum, weil später aufgezeichnete Rückblicke von Einsteins Aargauer Mitschülern auf dieselbe Zeit nicht ohne ein gehöriges Mass an Verklärung auskom-

16 Kaplan: *Jüdisches Bürgertum* (wie Anm. 11), S. 25.
17 *The Collected Papers of Albert Einstein* I (wie Anm. 5), S. LVIII.
18 Ebenda.
19 Ebenda.
20 Ebenda, S. 21. Zu Hans Wohlwend vgl. Carl Seelig: *Albert Einstein. Leben und Werk eines Genies unserer Zeit.* Erweiterte Neuausgabe, 3. Aufl. Zürich: Europa, 1960, S. 24.

men. Man vergleiche etwa die Erinnerung Hans Bylands: «Eines Tages trafen wir uns im stimmungsvollen Speisesaal des Schülerhauses, um Mozartsonaten zu spielen. Als seine Geige zu singen anhob, schien das ganze Gemach sich zu weiten – zum erstenmal stand der ganze echte Mozart vor mir, umflossen von der hellenischen Schönheit seiner klaren Linie, bald in schalkhafter Grazie, bald machtvoll erhaben.»[21] Spätere Urteile über den Musiker Einstein können offenbar, sofern sie positiv oder sogar überschwenglich ausfallen, kaum jemals von der Grösse des Physikers Einstein abstrahieren und sind daher womöglich stets *cum grano salis* zu lesen: «Ein grosser Mensch bleibt gross in allem», urteilte beispielsweise der Cellist Alexander Barjansky. «Wie Einstein Mozart spielte, war einzig. Ohne ein Virtuose zu sein und vielleicht deswegen hat er die Tiefe und Tragik des Mozartschen Genies so selbstverständlich auf seiner Geige wiedergegeben.»[22] Ist dies das Urteil eines Musikers, so stehe dem die Erinnerung einer Physikerin gegenüber. Folgendermassen erlebte Lise Meitner Einsteins Musizieren mit Max Planck als Pianisten: «Das Zuhören war ein wunderbarer Genuss, für den ein paar zufällige Entgleisungen Einsteins nichts bedeuteten [...]. Einstein, sichtlich erfüllt von der Freude an der Musik, sagte laut lachend in seiner unbeschwerten Art, dass er sich wegen seiner mangelhaften Technik schäme. Planck stand dabei mit seinem ruhigen, aber buchstäblich glückstrahlenden Gesicht und rieb sich mit der Hand in der Herzgegend: ‹Dieser wunderbare zweite Satz›».[23] Offenbar also hat Einstein – wir entnehmen dies beiläufig der Erinnerung Lise Meitners, obwohl es für sie gar nicht im Zentrum steht – selbst seine «mangelhafte Technik» konzediert. Doch trägt über diesen Mangel, das ist der Tenor fast aller einschlägigen Zeugnisse, die jeweilige Aura des grossen Moments, dessen Zeuge man sein durfte, buchstäblich spielend hinweg. Eine gewisse Diskrepanz zwischen Können und Wollen, aber eben ohne Folgen für den ästhetischen Genuss, konstatierte der mit Einstein bekannte Arzt János Plesch: «Es gibt viel begabtere Techniker als ihn, aber ich glaube keinen, der mit innigerem Ernst und tieferem Empfinden musizierte.»[24] Ein in gewissen Grenzen objektivierbares Merkmal lässt sich an Einsteins Violintechnik schliesslich doch benennen: Brigitte B. Fischer, die Gattin des Verlegers Bermann-Fischer, bescheinigte Einstein, den sie als «guten Dilettanten» empfand, eine hohe Musikalität, aber «keinen wirklich grossen Ton».[25] Für den Fachmusiker, hier den Geiger Boris Schwarz, bedeutete dies bezeichnenderweise kein ästhetisches Ver-

21 Ebenda, S. 22.

22 Hermann: *Einstein* (wie Anm. 1), S. 341.

23 Ebenda, S. 44f.

24 Ebenda, S. 341.

25 Ebenda. Ausführlich in: Michael Grüning (Hrsg.): *Ein Haus für Albert Einstein. Erinnerungen, Briefe, Dokumente.* Berlin: Verlag der Nation, 1990, S. 461: «Ich fand, dass er sehr musikalisch, jedoch kein guter Techniker war. Er hatte keinen wirklich grossen Ton, sondern spielte eben wie ein guter Dilettant.»

dikt, sondern nur ein – übrigens interessantes, weil für Einsteins Musikgeschmack charakteristisches – Stilmerkmal: Er beschrieb Einsteins Ton «als sehr rein mit wenig Vibrato und sagte, dass Einstein den sinnlichen Vibrato-Klang des 19. Jahrhunderts nicht mochte».[26] Seinem Biographen Carl Seelig scheint Einstein berichtet zu haben, er habe in seiner Jugend «die ‹Air› und ‹Chaconne› von Bach sowie Kompositionen von Händel und Mozart gespielt oder als kühne[n] Vorstoss ins Virtuose gar Tartinis ‹Teufelstriller› vorgenommen»[27] – wobei die Qualität der Ausführung, über die man gerade bei Tartinis Sonate oder bei Bachs Chaconne gern etwas mehr wüsste, offenbleibt. Beredter in mehrfacher Hinsicht, und zwar sowohl in bezug auf die Gewissenhaftigkeit Einsteins als auch in bezug auf den Stand seiner Technik, ist da schon der Bericht (ebenfalls durch Seelig überliefert), auf das Anhören eines Aarauer Konzerts des berühmten Joseph Joachim (1896) habe sich Einstein sorgfältig vorbereitet, «indem er die auf dem Programm stehende G-Dur-Sonate von Brahms selbst zu spielen versuchte [!]».[28] Erst im Alter hat Einstein, bei nachlassender Technik und zunehmender Selbstkritik, das ihm so lebenswichtige Musizieren allmählich eingestellt. Anfang 1951 schrieb der fast Zweiundsiebzigjährige an die Königinmutter von Belgien, eine seiner ehemaligen Kammermusikpartnerinnen: «Mit der Geigerei ist es nichts mehr bei mir. Mit den Jahren kam es, dass ich die selbsterzeugten Töne einfach nicht mehr aushalten konnte. Hoffentlich ist es Ihnen nicht auch so ergangen. Was geblieben ist, ist die unentwegte Arbeit an den harten wissenschaftlichen Problemen. Dieser faszinierende Zauber wird bis zu dem letzten Schnaufer aushalten ...»[29] So bleibt das Bild eines bei Bedarf zu wohltätigen Zwecken gelegentlich auch öffentlich auftretenden leidenschaftlichen und durchaus zur Selbstkritik befähigten Kammermusikers, dem mindestens ein Repertoire an Violinsonaten von Händel und Bach bis zu Mozart und Beethoven und die Quartettliteratur der Wiener Klassik in passabler Form verfügbar war.

II. Einsteins Musikgeschmack

Auch hier kehren wir noch einmal zur Figur der musikalisch prägenden Mutter zurück. Der durch Einstein autorisierten Einstein-Biographie von Philipp Frank zufolge liebte sie «vor allem die deutsche klassische Musik, besonders Beethovens

26 Banesh Hoffmann: *Albert Einstein. Schöpfer und Rebell.* Unter Mitarbeit von Helen Dukas. Aus dem Englischen von Jeannette Zehnder. Dietikon/Zürich: Stocker-Schmid, 1976, S. 181f.

27 Seelig: *Albert Einstein* (wie Anm. 20), S. 23.

28 Ebenda.

29 Hoffmann: *Einstein. Schöpfer und Rebell* (wie Anm. 26), S. 287f. Vgl. Seelig: *Albert Einstein* (wie Anm. 20), S. 394 (Brief von Albert Einstein an Lisbeth Hurwitz, vom Herbst 1951: «Sogar das Geigen habe ich vor ein paar Jahren aufgesteckt»).

Klaviersonaten».[30] Auf den Sohn ging gerade diese Vorliebe für Beethoven, wie ich gleich noch näher ausführen will, nicht oder doch nur partiell über: Sein lebenslang wirkendes, freilich auch durch die Mutter vermitteltes Initiationserlebnis war die Musik Mozarts. Auffällig an Einsteins Musikgeschmack war dessen konservativer Zug. Seine bevorzugten Komponisten, so scheint er es selbst seinem Biographen Carl Seelig zu Protokoll gegeben zu haben, «waren damals wie später die italienischen und deutschen Vorklassiker, Johann Sebastian Bach und Mozart, deren Klarheit, Grazie und Harmonie ihn immer wieder beglückten, während ihm Händel und der leidenschaftlich-durchwühlte Beethoven weniger zusagten. Zu seinen Lieblingsstücken gehörte Bachs Sonate für zwei Geigen und Klavier.»[31] Um welche der Bachschen Triosonaten es sich handelt, geht aus Seeligs Bericht nicht hervor; viel eher ist auch überhaupt die wahrscheinlich auf Einstein selbst zurückgehende Formulierung, die ein solitäres Werk zu unterstellen scheint, ein Indiz für die Grenzen von Einsteins musikhistorischer Bildung. Auf die «Klassiker» ausgerichtet und damit um 1900 konventionell war aber nicht nur der Musikgeschmack des Sohnes, sondern auch der Mutter. Typisch ist dies wiederum als Symptom einer bewussten Akkulturation: «Jüdische Frauen bemühten sich, Hüterinnen der deutschen Kultur zu sein, und brachten ihren Kindern auch die geschlechtsspezifischen Verhaltensweisen und Manieren bürgerlicher Männer und Frauen bei. Damit schufen sie ein jüdisches Bürgertum, das bis ins letzte so konventionell war wie sein christliches Pendant.»[32] Dass dies zwar typisch, aber keineswegs zwangsläufig war, zeigt der Vergleich mit der musikalischen Sozialisation des genau um eine Generation jüngeren Theodor W. Adorno.[33]

Auf Einstein selbst geht eine Zusammenstellung seiner musikalischen Präferenzen zurück, notiert als Beantwortung eines entsprechenden Fragebogens und datiert auf das Jahr 1939. Der Sechzigjährige gibt hier folgendes zu Protokoll:

> (1) Bach, Mozart und einige alte Italiener und Engländer sind meine Lieblinge in der Musik. Beethoven erheblich weniger, wohl aber Schubert.
> (2) Ob mir Bach oder Mozart mehr bedeutet kann ich unmöglich sagen. Ich suche in der Musik keine Logik, sondern bin überhaupt ganz unbewusst, kenne keine Theorien. Nie gefällt mir ein Werk, dessen innere Einheit ich nicht gefühlsmässig erfassen kann. (Architektur)

30 Philipp Frank: *Einstein. Sein Leben und seine Zeit*. Mit einem Vorwort von Albert Einstein. Braunschweig/Wiesbaden: Vieweg, 1979, S. 20.

31 Seelig: *Albert Einstein* (wie Anm. 20), S. 24.

32 Kaplan: *Jüdisches Bürgertum* (wie Anm. 11), S. 76. Zur Rolle der jüdischen Frau bei der musikalischen Kindererziehung vgl. ebenda, S. 80f.

33 Vgl. dazu Adornos autobiographischen Aufsatz *Vierhändig, noch einmal*. In: Theodor W. Adorno: *Gesammelte Schriften*. Hrsg. von Rolf Tiedemann. Frankfurt am Main: Suhrkamp, 1970–1986, Band 17, S. 303–306.

(3) Händel empfinde ich immer gut, ja vollkommen, aber von einer gewissen Flachheit. Beethoven ist mir zu dramatisch und zu persönlich.
(4) Schubert ist mir einer der liebsten wegen seines ungeheuer vollkommenen Gefühlsausdruckes und seiner gewaltigen melodiösen Erfindungskraft. Bei den grösseren Werken stört mich aber ein gewisser Mangel an Architektonik.
(5) Schumann ist für mich in den kleinen Dingen reizvoll durch Originalität und Gefühlsreichtum, aber der Mangel an formaler Grösse lässt mich nicht zur vollkommenen Freude kommen. Bei Mendelssohn empfinde ich bedeutende formale Begabung, aber einen undefinierbaren Mangel an Tiefe, der oft bis zur Banalität führt.
(6) Von Brahms finde ich ein paar Lieder und Kammermusik-Werke wirklich bedeutend, auch im Aufbau. Die meisten Werke aber haben für mich keine innere Überzeugungskraft. Ich begreife nicht, dass es notwendig war, sie zu schreiben.
(7) Wagners Erfindung bewundere ich, empfinde aber den Mangel an architektonischer Struktur als Decadence. Ausserdem empfinde ich die musikalische Persönlichkeit als unbeschreiblich widerwärtig, sodass ich ihn meist nur mit Widerwillen anhören kann.
(8) Strauss empfinde ich als begabt, aber ohne innere Wahrhaftigkeit und nur auf äussere Wirkung bedacht. Ich kann nicht sagen, dass mir die moderne Musik überhaupt gestohlen werden kann. Debussy empfinde ich als feinfarbig, aber strukturarm. Grosse Begeisterung kann ich für so etwas nicht aufbringen …[34]

Es sind also immer wieder architektonische Klarheit und Struktur, die Einstein in der Musik aufsucht; wo jedoch allein nur sie auf Kosten gehaltlicher Tiefe und Wahrhaftigkeit anzutreffen sind (wie seines Erachtens bei Mendelssohn) oder aber wo sie zugunsten emotionaler oder koloristischer Dimensionen in den Hintergrund geraten (wie für ihn auf jeweils sehr unterschiedliche Art bei Beethoven, Wagner oder Debussy), reagiert er skeptisch bis ablehnend. Diese eben zitierte, relativ späte Selbstaussage wird durch zahlreiche frühere Zeugenberichte in allen Grundzügen bestätigt. Einsteins Musikgeschmack scheint sich, bereits früh festgelegt, im Laufe seines Lebens kaum gewandelt zu haben. So berichtet sein Schüler Banesh Hoffmann, der sich dabei auf das Jahr 1923 bezieht: «Boris Schwarz beschrieb seinen Ton als sehr rein mit wenig Vibrato und sagte, dass Einstein den sinnlichen Vibrato-Klang des 19. Jahrhunderts nicht mochte. Das stimmt mit

34 Albert Einstein: *Briefe.* Aus dem Nachlass herausgegeben von Helen Dukas und Banesh Hoffmann. Zürich: Diogenes, 1981, S. 73f. (Notat aus dem Jahre 1939, Albert-Einstein-Archiv, Dokument 34323).

seinen musikalischen Neigungen überein; er liebte die Musik des 18. Jahrhunderts, Bach, Vivaldi und vor allem Mozart, während die leidenschaftlichen c-Moll-Stimmungen Beethovens seiner Meinung nach bereits zu sehr mit Gefühl überladen waren.»[35] Auch Carl Seelig zufolge war ihm Beethoven «zu stürmisch und zu diesseitig»;[36] die Belege liessen sich beliebig vermehren. Einsteins Präferenzen passen durchaus in das Bild der 1920er Jahre. Ein knappes Jahrhundert lang war, wie Hans Heinrich Eggebrecht in seiner Monographie zur Beethoven-Rezeption veranschaulicht hat,[37] Beethovens Musik zunehmend als der Inbegriff des Leidenschaftlichen, Kämpferischen, Überwindenden begriffen worden; nun traten an der Jahrhundertwende die ersten Generationen auf den Plan, die das gründlich satt hatten. Man sei es, wie der Musikpublizist August Halm in seinem Beethoven-Buch von 1927 kritisch und zugleich vor Überreaktionen warnend resümierte, «müde geworden, sich packen, ergreifen, schütteln und erschüttern zu lassen».[38] Diese ‹Entwöhnungskur› gegenüber Beethoven – so Ferruccio Busoni 1922 in seinem Aufsatz *Was gab uns Beethoven?*[39] – wurde zum Programm der Generation der Neuen Sachlichkeit, typisch vor allem für die 1920er Jahre. Damit einher ging eine Vorliebe für den vermeintlich objektiven und sachlichen Bach und zugleich für Mozart. Bemerkenswert ist also weniger diese – freilich bei ihm schon weit vor der Jahrhundertwende festgelegte – Geschmacksorientierung Einsteins als vielmehr die auffällige Abhängigkeit von Rezeptionsklischees. Den durch die Literatur des ausgehenden 19. Jahrhunderts profilierten leidenschaftlichen und aufgewühlten Beethoven lehnt er ab; das Faszinosum an Mozart ist in passgenauer Gegenwendung dessen vermeintliche Heiterkeit, Klarheit und Serenität.

Insofern ist schliesslich Mozart für Einstein der Inbegriff des Musikalischen selbst. «Mozarts Musik ist so rein und schön, dass ich sie als die innere Schönheit des Universums selbst ansehe.»[40] Zugleich ist damit eine Verbindungsstelle zu seinem physikalischen Weltbild benannt, in eins damit aber auch zu seiner besonderen Form der Religiosität,[41] die Einstein selbst als die eines «gläubigen Rationa-

35 Hoffmann: *Einstein* (wie Anm. 26), S. 181f.

36 Seelig: *Albert Einstein* (wie Anm. 20), S. 312.

37 Hans Heinrich Eggebrecht: *Zur Geschichte der Beethoven-Rezeption.* 2. Aufl. Laaber: Laaber, 1994.

38 August Halm: *Beethoven.* Berlin: Hesse, 1927, S. 53.

39 Zitiert nach Eggebrecht: *Zur Geschichte der Beethoven-Rezeption* (wie Anm. 37), S. 97.

40 Hermann: *Einstein* (wie Anm. 1), S. 158.

41 Bei Einstein, der 1896 aus der israelitischen Religionsgemeinschaft ausgetreten (und ihr 1911 in Prag aus eher pragmatischen Gründen wieder beigetreten) war, von ‹Religiosität› zu sprechen mag nicht unproblematisch erscheinen. Dennoch hatte auch noch der alte Einstein kein besseres Begriffskonzept für die Basis seiner Weltanschauung, wie er seinem Freund Maurice Solovine am 1. Januar 1951 brieflich mitteilte: «Ihre Abneigung gegen den Gebrauch des Wortes ‹Religion›, wenn es sich um eine emotionale seelische Einstellung handelt, die in Spinoza am deutlichsten hervortritt, kann ich sehr wohl begreifen. Ich habe keinen besseren Ausdruck als den Ausdruck ‹religiös› für dieses Vertrauen in die vernünftige und der menschlichen Vernunft wenigstens einigermassen zugängliche Beschaffenheit der Realität» (Maurice Solovine [Hrsg.]:

listen» bezeichnet.[42] Daher kann auch sein Schüler Banesh Hoffmann behaupten, Einsteins Allgemeine Relativitätstheorie sei «aus einem ästhetischen Unbehagen» entstanden: «Sein Glaube – sein religiöser Glaube – an die Einfachheit, Schönheit und Erhabenheit des Universums war die Hauptquelle der Inspiration in seiner Wissenschaft.»[43] Damit stellt sich nun schliesslich die Frage nach der Bedeutung der Musik für Einsteins intellektuelles Leben überhaupt.

III. Bedeutung der Musik für Einstein

In einem Interview gab der fünfzigjährige Einstein zu Protokoll, dass ihm Musizieren ein existentielles Bedürfnis sei: «Aber ich weiss, dass mir die meiste Lebensfreude aus meiner Geige kommt.»[44] Doch nicht einfach nur als Quelle der «Lebensfreude», obwohl allein schon dies viel bedeutet, sondern buchstäblich als Lösungsmittel diente ihm die Musik, wie er einem Gesprächspartner Ende der 1920er Jahre offenbarte: «Zuerst improvisiere ich, wenn auch das nicht hilft, suche ich Trost bei Mozart. Aber wenn sich beim Improvisieren doch ein Weg anbietet, brauche ich Bachs klare Konstruktionen, um meinen Gedanken weiterzuführen.»[45] Musik war Einsteins hauptsächliche und «einzige Zerstreuung» schon in jungen Jahren, wie die Schwester in ihren Erinnerungen formulierte, um sogleich das unverbindlich Klingende des Begriffs «Zerstreuung» wieder zurückzunehmen[46] – mit Recht, denn zahlreich sind Einsteins Äusserungen, die sein Musikverständnis mit den Grundlagen seines Intellekts in engste Verbindung bringen: «Ich denke oft an Musik. Ich erlebe meine Tagträume in Musik. Ich sehe mein Leben in musikalischen Formen.»[47] Das erklärt auch sein keineswegs metaphorisch gemeintes Lob für Niels Bohr: «Dies ist höchste Musikalität auf dem Gebiete des Gedankens ...»[48] Einstein, der sich im Alter selbst als in der Musiktheorie «recht unwissend» einschätzte,[49] hat in zahlreichen Äusserungen sein Ideal von Stimmigkeit und reiner Konstruktion nach seiner Vorstellung von Musik model-

Albert Einstein. Briefe an Maurice Solovine. Paris: Gauthier-Villars, 1956, S. 102). Dies ist stets mitzubedenken, wenn im folgenden im Zusammenhang mit Einsteins Weltanschauung von Religiosität oder von Religionsersatz die Rede ist.

42 Einstein: *Briefe* (wie Anm. 34), S. 64.

43 Ebenda.

44 Hermann: *Einstein* (wie Anm. 1), S. 357.

45 Zitiert nach Adolf W[alter] Meichle: *Das Genie mit der Geige. Albert Einstein als Geigenspieler. Eine weniger bekannte Leidenschaft des grossen Denkers.* Muri bei Bern: Albert-Einstein-Gesellschaft, 2005, S. 31; ausführlich bei Grüning: *Ein Haus für Albert Einstein* (wie Anm. 25), S. 251.

46 *The Collected Papers of Albert Einstein* I (wie Anm. 5), S. LXII–LXIII.

47 Hermann: *Einstein* (wie Anm. 1), S. 357.

48 Hoffmann: *Einstein* (wie Anm. 26), S. 206.

49 Brief Albert Einsteins an Klaus Pringsheim vom Sommer 1941, zitiert nach Hermann: *Einstein* (wie Anm. 1), S. 342.

liert (wie übrigens auch umgekehrt); dass beide Ideale zwanglos in seinem Mozart-Bild konvergierten, wurde schon gesagt. «Das Denken um seiner selbst willen wie die Musik!»[50] – so umriss Einstein 1918 sein Ideal in einem Brief an den Zürcher Freund Heinrich Zangger. Und was 1901 schon den Zweiundzwanzigjährigen auf dem Weg zu den spektakulären Publikationen des Jahres 1905 antrieb, war eine in diesem speziellen Sinne genuin musikalische Erfahrung: «Es ist ein herrliches Gefühl, die Einheitlichkeit eines Komplexes von Erscheinungen zu erkennen, die der direkten sinnlichen Wahrnehmung als ganz getrennte Dinge erscheinen.»[51] Nochmals wird deutlich, warum gerade die nur sinnlich-emotionale Seite der Musik – jedenfalls dort, wo er sie, mit welchem Recht auch immer, vermutete: bei Wagner, partiell auch bei Beethoven und bei Brahms – in Einsteins musikalischem Weltbild, obwohl er Musik in erster Linie intuitiv und emotional aufzunehmen pflegte, keinen Platz finden konnte.

Wenn sich nun auch sehr deutlich zeigt, dass Einfachheit und Klarheit, verstanden als intuitiv erfahrbare Schönheit, gleichsam das *tertium comparationis* von Einsteins musikalischem wie physikalischem Weltverständnis bilden, so darf doch eine wichtige Funktion der Musik – eine Funktion, die in unersetzbarer Weise nur die Musik für ihn hatte – nicht übersehen werden: Als frühes und zeitlebens existentiell wichtiges Sozialisationsphänomen war sie nicht nur Religions-, sondern auch Heimatersatz. Dies gilt in einem doppelten Sinne: als Garantin einer sozialen und einer kulturellen Geborgenheit. Der erste Aspekt kommt in den zahlreichen, stets gleichlautenden Berichten zum Ausdruck, die – über die ganze Spanne seines Lebens sich gleichmässig erstreckend – Einsteins Sozialitätsvermögen als ein vorwiegend musikalisch respektive musizierend vermitteltes bezeugen.[52] Die lebenslange und lebenswichtige Freundschaft mit Michele Besso entstand, wie viele andere, während des ersten Zürcher Semesters im Haus einer Zürcher Dame namens Selina Caprotti, samstags beim Musizieren.[53] Eine extrem kontroverse Prager Disputation mit scharfen persönlichen Angriffen durch die Kontrahenten soll Einstein spontan mit einem solistischen Geigenvortrag, also mit einem für sein Musikverständnis bezeichnenden Wechsel des Mediums, abgeschlossen haben. Der im gesellschaftlichen Umgang oft Sperrige oder sogar

50 Brief Albert Einsteins an Heinrich Zangger von 1918. In: Einstein: *Briefe* (wie Anm. 34), S. 18.

51 Brief Albert Einsteins an Marcel Grossmann vom 14. April 1901. In: *The Collected Papers of Albert Einstein* I (wie Anm. 5), S. 290f.

52 Vgl. Leon Botstein, der für das Wiener Konservatorium der Jahrhundertwende einen überproportional hohen Anteil jüdischer Studenten im Bereich der Kammermusik (Klavier und Geige) festgestellt hat und dies mit seiner These von der für akkulturationswillige jüdische Bürger besonderen Attraktivität der universalsprachlichen Instrumentalmusik verbindet. Botstein: *Judentum und Modernität* (wie Anm. 13), S. 140f.

53 Fölsing: *Albert Einstein* (wie Anm. 6), S. 69.

Unbeholfene scheint in Musiziersituationen, die er mit leidenschaftlichem Eifer aufsuchte, jede Scheu abgelegt zu haben. Das in engen Beziehungen, etwa zu Lebenspartnerinnen oder eigenen Kindern, zumindest oft unkonventionelle Verhalten des grossen Gelehrten hatte in der Beziehung zu seiner Geige, die er seine «Lina» nannte und «als unzertrennliche Begleiterin alle Reisen» mitmachen liess,[54] ein bemerkenswert stabiles Pendant. Als lebendiges Zwitterwesen zwischen Kind und Partnerin erscheint die Geige schon in einem Brief des (durch eine Handverletzung vorübergehend beeinträchtigten) Zwanzigjährigen an Julia Niggli: «Meine Geige muss ich jetzt natürlich liegen lassen. Die wird sich wundern, dass sie nie aus dem schwarzen Kasten genommen wird, sie glaubt vielleicht, sie hätt einen Stiefpapa bekommen. Ich vermisse sehr die alte Freundin, durch die ich mir alles sage & singe was ich mir gar oft in dürren Gedanken auch nicht im mindesten zugestehe, sondern höchstens drüber lache, wenn ichs an andern sehe ...»[55] Musik als Gefäss der Selbstaussage, als Medium des anderweitig Unaussprechlichen – das ist zugleich der bildungsbürgerliche Bodensatz einer hundert Jahre zuvor formulierten romantischen Musikästhetik, die im Durchgang zu einer Ästhetik der absoluten Musik um die Mitte des 19. Jahrhunderts für metaphysische Denkkonzepte anschlussfähig blieb, diese aber – wie sehr schön die späteren Auflagen von Eduard Hanslicks berühmter Programmschrift *Vom Musikalisch-Schönen* zeigen – als entbehrliche Reste abgestossen hat.[56] Auch Einsteins Musikanschauung blieb zeitlebens in der Schwebe zwischen der Musik als Inbegriff reinster Selbstreferentialität (dies war ja gerade ihre bewunderte Analogie zur Reinheit des logischen Denkens) und ihrer gerade dadurch jeweils momenthaft aufblitzenden metaphysischen Anschlussfähigkeit (so 1929 beim Berliner Debütkonzert des dreizehnjährigen Yehudi Menuhin, der Einstein zu dem Ausruf hingerissen hat, er wisse nun, «dass es einen Gott im Himmel gibt»[57]). Doch ist Einsteins musikalischer Kanon, von dessen klassisch-vorklassischem und dezidiert antiromantischem Zuschnitt bereits die Rede war, gerade in seiner undurchschauten Abhängigkeit

54 Seelig: *Albert Einstein* (wie Anm. 20), S. 320.

55 *The Collected Papers of Albert Einstein* I (wie Anm. 5), S. 219.

56 Hanslicks Abhandlung endete 1854 und 1858 noch mit den folgenden – ab der 3. Auflage (1865) gestrichenen – Sätzen: «Dieser geistige Gehalt verbindet nun auch im Gemüth des Hörers das Schöne der Tonkunst mit allen andern grossen und schönen Ideen. Ihm wirkt die Musik nicht blos und absolut durch ihre eigenste Schönheit, sondern zugleich als tönendes Abbild der grossen Bewegungen im Weltall. Durch tiefe und geheime Naturbeziehungen steigert sich die Bedeutung der Töne hoch über sie selbst hinaus und lässt uns in dem Werke menschlichen Talents immer zugleich das Unendliche fühlen. Da die Elemente der Musik: Schall, Ton, Rhythmus, Stärke, Schwäche im ganzen Universum sich finden, so findet der Mensch wieder in der Musik das ganze Universum». Eduard Hanslick: *Vom Musikalisch-Schönen. Ein Beitrag zur Revision der Ästhetik in der Tonkunst (1854). Historisch-kritische Ausgabe.* Hrsg. von Dietmar Strauss. Mainz: Schott, 1990, Band 1, S. 171.

57 Hermann: *Einstein* (wie Anm. 1), S. 342.

von kurrenten Rezeptionsklischees ebendas Symptom einer Musikauffassung im Lichte der Reinheit, der Klarheit und der Rationalität: «Mir erscheint die Romantik als eine Art illegitimen Ausweg, um auf verhältnismässig billige Art zu einer tieferen Erfassung der Kunst zu kommen.»[58] Dass die Geselligkeit, die Einstein beim Musizieren suchte und fand, gerade nicht diejenige einer dumpfen und unklaren Gefühlsverbundenheit war, passt ins Bild; dass sie – selbst noch in späteren Jahren – nicht zuletzt auch den im Akkulturationsprozess stets drohenden «Substanzverlust der jüdischen Familie»[59] zu kompensieren hatte, ist ein immerhin naheliegender Gedanke.

Der andere «Heimat»-Aspekt der Musik betrifft die Teilhabe nicht einfach an Gesellschaft und Geselligkeit, sondern an einer ganzen umfassenden Kultur. Für Einstein war das in einem fast ausschliesslichen Sinn die deutsche, mit nur wenigen Einsprengseln italienischer Barockmusik und mit einer stets skeptisch bleibenden Neigung zu Ausschnitten aus dem Œuvre Claude Debussys. Der gänzlich unnationalistische Einstein, der seine deutsche Staatsbürgerschaft schon als Jugendlicher abgelegt hatte, konnte in der Musik, gerade in ihr, das eigene Akkulturationsproblem bewältigt sehen. Nach einem Busch-Serkin-Konzert in New York ist seine ebenso überschwengliche wie bezeichnende Reaktion bezeugt: «Das ist Deutschland, das ist das wahre und beste Deutschland; was für ein Glück, dass wir es überall wiederfinden, wo solche Musik gemacht wird; und was für ein Beweis, wenn wir noch einen nötig hätten – gegen diese Rassenidiotie. Kann man sich ein reineres ineinander Aufgehen denken, als das, was diesen beiden, dem hellen und dem dunklen, dem ‹Arier› und dem jungen Juden gegeben ist?»[60] Es würde sich lohnen, diese Ansicht vor dem Deutschlandbild anderer deutscher und jüdisch-deutscher Emigranten zu diskutieren; für Einstein jedenfalls, der sich skeptisch sowohl über seine jüdische wie über seine deutsche Identität (in der definitorischen Enge ihres jeweils konfessionellen oder nationalen Aspekts) äussern konnte, dürfte die selbstverständliche Beheimatung in der deutschen Musikkultur den wahren Kern seiner kulturellen Identität bedeutet haben, die ihm auch – anders als etwa Bertolt Brecht, Thomas Mann oder Theodor W. Adorno – das amerikanische Exil keineswegs als Provisorium erscheinen liess. Nach dem glaubwürdigen Bericht Erika und Klaus Manns hat sich Einstein dazu wie folgt geäussert: «Haben die Juden nicht wirklich eine Art sentimentalen und weinerlichen Nationalismus? Ist das nicht eine verbissene Liebe für eine Heimat, wie sie nur

58 Zitiert nach Johannes Wickert: *Albert Einstein*. Überarbeitete und erweiterte Neuausgabe, 3. Aufl. Reinbek bei Hamburg: Rowohlt, 2005, S. 35.

59 Helge-Ulrike Hyams: *Jüdische Kindheit in Deutschland. Eine Kulturgeschichte.* München: Fink, 1995, S. 161f.

60 Klaus und Erika Mann, zitiert nach Hermann: *Einstein* (wie Anm. 1), S. 441f.

Leute haben können, die sich nicht sicher fühlen, was ihre Heimat ist? Jedoch, fuhr Einstein fort, ich bin zwar Jude, aber trotzdem scheint es mir hier in Amerika in jeder Hinsicht so schön, dass ich kein Heimweh nach irgendeinem Lande empfinde, gar nicht zu reden von Herrn Hitlers Deutschland.»[61]

Nochmals begründet sich von hier aus die singuläre Stellung Wolfgang Amadé Mozarts in Einsteins musikalischem Weltbild. Sein Mozart-Bild basiert nicht zuletzt auch auf jenem Aspekt, dem sein Namensvetter Alfred Einstein in seiner berühmten Mozart-Monographie von 1942 ein eigenes und grundlegendes Kapitel gewidmet hat: dem der «Universalität». Alfred Einsteins gleichnamiges Kapitel endet mit den für den Emigranten geradezu programmatischen Sätzen: «Er ist universal; er ist weder ein nationaler noch ein internationaler Musiker. Er ist übernational.»[62] Abschliessend muss zwar davor gewarnt werden, Albert Einsteins Beziehung zur Musik einfach und umstandslos als generellen Beleg einer typischen jüdisch-deutschen Akkulturation zu verstehen. Dafür sind nicht wenige ihrer Züge zu individuell, und diese sind zudem als Mosaiksteine in der Gedankenwelt des exzeptionellen Naturwissenschaftlers, also gerade nicht in ihrer Durchschnittlichkeit, von Interesse. Und dennoch dürfte Einsteins musikalische Bildung ohne diesen kulturellen Hintergrund nicht angemessen zu würdigen sein. Denn dafür sind manche ihrer Züge wiederum zu typisch, zu konventionell und zuwenig auf jenem intellektuellen Niveau, das man dem grossen Gelehrten sonst gern zu unterstellen bereit ist. Die Auskunft, die Einstein einer Zeitschriftenumfrage an Prominente im Jahre 1928 über Bach erteilte, indiziert deutlich die Aversion gegen jegliche Art ästhetischer Reflexion, freilich auch den für Einstein charakteristischen Pragmatismus, mit dem er sich lästige Frager vom Leibe hielt: «Was ich zu Bach's Lebenswerk zu sagen habe: Hören, spielen, lieben, verehren und – das Maul halten.»[63] Der Witz dieses Pragmatismus steigert sich noch durch die standardisierte Antwort auf eine weitere – im Jahr der Zentenarfeier 1928 eigentlich näherliegende – Umfrage: «Zu Schubert habe ich nur zu bemerken: Musizieren, Lieben – und Maulhalten!»[64]

Dieser Pragmatismus, der den musizierenden Dilettanten Einstein zeitlebens vor unausgegorenen metaphysischen Höhenflügen und vor den meisten Formen unkontrollierter Sentimentalität bewahrt hat – vielfach bezeugt ist seine Neigung, eine zu wohlige Stimmung nach dem Musizieren mit einem scharfen Witzwort zu zerstören –, hat schliesslich auch sein eigenes Verhältnis zu den vormals hoch gehandelten kulturellen Werten des Ruhms und des Nachruhms geprägt. Die zeit-

61 Frank: *Einstein* (wie Anm. 30), S. 435f.

62 Alfred Einstein: *Mozart. Sein Charakter – Sein Werk* (1945). Frankfurt am Main: Fischer, 1978, S. 115.

63 Einstein: *Briefe* (wie Anm. 34), S. 72.

64 Brief Albert Einsteins an den Presse-Verlag Dr. H. Dammert vom 10. November 1928, im Albert-Einstein-Archiv, Jerusalem, Nr. 46-014 (Durchschlag).

lose Gültigkeit, die er dem Œuvre Mozarts und sicherlich auch Teilen des eigenen Lebenswerks zugestand, hat ihn nicht dazu verführt, die über alles geliebte Musik und schon gar nicht die eigene Person zur Trägerin vollmundiger moralischer Botschaften zu missbrauchen. Dafür steht die knappe Notiz, die ein spleeniger Amerikaner als Botschaft an die Nachwelt von ihm auf tausend Jahre haltbarem Schreibmaschinenpapier erbat und mit der sich hier gut schliessen lässt: «Liebe Nachwelt! Wenn Ihr nicht gerechter, friedlicher und überhaupt vernünftiger sein werdet, als wir sind, bezw. gewesen sind, so soll euch der Teufel holen. Diesen frommen Wunsch mit aller Hochachtung geäussert habend bin ich euer (ehemaliger) gez. Albert Einstein.»[65]

65 Ebenda, S. 100.

Die Faszination des Unverständlichen

Bohuslav Martinů und Albert Einstein

Ivana Rentsch

> If no one questions me, I know:
> if I would explain to a questioner, I know not.[1]

Bohuslav Martinů war ein enthusiastischer Anhänger Albert Einsteins. So unspektakulär diese Tatsache in Anbetracht der weltweiten Euphorie um den Schöpfer der Relativitätstheorie auch sein mag, so aussergewöhnlich sind die Gründe für das rege Interesse des Komponisten am Physiker. Während sich das breite Publikum in der Regel darauf beschränkte, das Wunder übermenschlicher Genialität anzustarren, und politisch aktive Kreise den Einfluss des Weltberühmten zu nutzen versuchten, beruhte Martinůs Faszination tatsächlich auf Einsteins Arbeiten. Weshalb aber interessierte sich der Musiker für theoretische Physik? Welche musikalischen Schlüsse lassen sich überhaupt aus Einsteins Schriften ziehen? Und: In welchem Verhältnis stehen dazu die *Five Madrigal Stanzas* für Violine und Klavier, die Martinů für Einstein komponierte? Diese Fragen zu erörtern soll ebenso Ziel dieses Beitrags sein wie die Darlegung der biographischen Berührungspunkte. Um jedoch die Musikauffassung des Naturwissenschaftlers sowie Martinůs Interesse an den physikalischen Schriften thematisieren zu können, ist es unumgänglich, zunächst die Prämissen von Einsteins ‹Weltbild› zu erörtern.

I.

Ein stummer Zeuge von Bohuslav Martinůs reger Auseinandersetzung mit dem Werk des weltberühmten Physikers ist ein zerlesenes Exemplar von *The Evolution of Physics* mit einer handschriftlichen Widmung Einsteins (siehe Abbildung 1).[2] Mit *The Evolution of Physics* (1938) wollten Albert Einstein und Leopold Infeld einem breiteren Publikum die Geschichte der Physik seit Newton

1 Zitat Martinů nach Augustinus (*Confessiones* XI, 14: «Quid est ergo tempus? si nemo ex me quaerat, scio; si quaerenti explicare velim, nescio.»). In: Bohuslav Martinů: Notizheft aus Darien (1943–1944), [S. 41], sowie Notizheft aus Ridgefield (1944), [S. 47]. – Für die freundliche Hilfe und Bereitstellung der vorhandenen Bestände danke ich dem Bohuslav-Martinů-Institut in Prag, insbesondere Aleš Březina und Zoja Seyčková. Für nützliche Hinweise bin ich ausserdem Jaroslav Mihule zu Dank verpflichtet.

2 Alain Bécourt stellte mir freundlicherweise Bohuslav Martinůs Exemplar von *The Evolution of Physics* mit der handschriftlichen Widmung von Albert Einstein zur Verfügung. Albert Einstein und Leopold Infeld: *The Evolution of Physics. The Growth of Ideas from Early Concepts to Relativity and Quanta*. 5. Aufl. New York: Simon and Schuster, 1938 [1. Aufl.: Januar 1938].

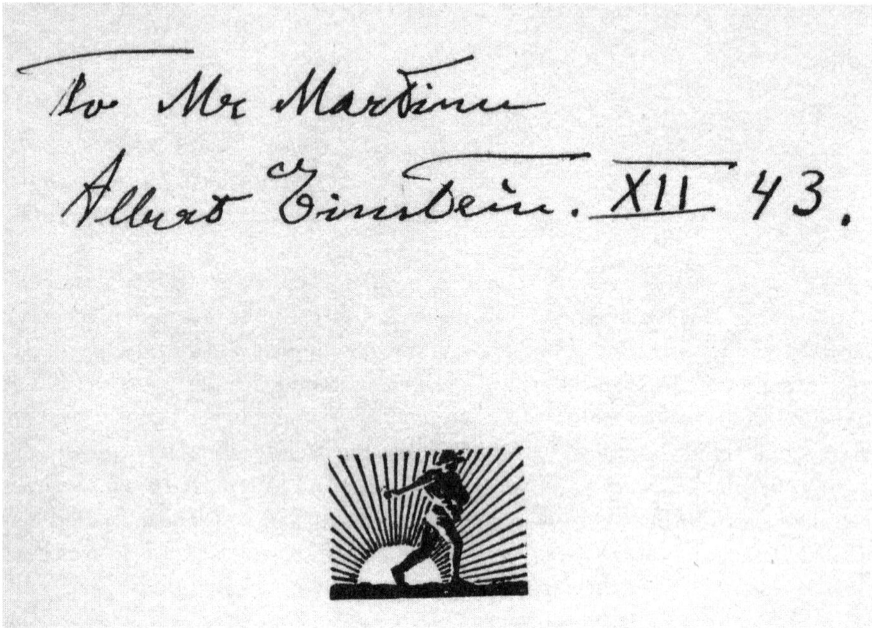

Abbildung 1: Handschriftliche Widmung von Albert Einstein in Bohuslav Martinůs Exemplar von *The Evolution of Physics* (mit freundlicher Genehmigung von Alain Bécourt).

näherbringen – wobei das eigentlich Ziel freilich darin bestand, durch die Tantiemen den Lebensunterhalt von Infeld sicherzustellen.[3] Allerdings war es gerade die – durch finanzielle Gründe bedingte – populäre Stossrichtung der Publikation, die es den beiden Autoren ermöglichte, einem wissenschaftlichen Hauptinteresse Einsteins gerecht zu werden. *The Evolution of Physics* ist erklärtermassen weder ein «Lehrbuch der Physik» noch eine «systematische Einführung in elementare physikalische Gesetzmässigkeiten und Theorien», sondern ein Versuch, «in grossen Zügen die Bemühungen des Menschengeistes um eine Aufklärung der Zusammenhänge zwischen Ideen- und Erscheinungswelt zu skizzieren».[4] Die Schrift richtet sich an einen «idealen Leser», dessen hervorragende Eigenschaft keineswegs in physikalischer Vorbildung besteht. Statt dessen wird ein Laie angespro-

3 Vgl. Albrecht Fölsing: *Albert Einstein. Eine Biographie*. Frankfurt am Main: Suhrkamp, 1995, S. 788f.
4 Zitate Albert Einstein und Leopold Infeld: *Die Evolution der Physik. Von Newton bis zur Quantentheorie*. 2. Aufl. Hamburg: Rowohlt, 1956, S. 8.

chen, der das «absolute Fehlen aller konkreten physikalischen und mathematischen Kenntnisse durch eine recht stattliche Zahl von Tugenden» wettmacht.[5] Hierzu gehört ausser einer für die Lektüre notwendigen «Unverzagtheit» hauptsächlich ein zwingendes «Interesse für physikalische und philosophische Gedankengänge».[6] Der philosophische Anspruch ist dem physikalischen nicht nur ebenbürtig, sondern bildet letztlich die Grundlage der thematisierten Entwicklung der Physik von Newton bis zur Quantentheorie.[7] Schliesslich kommt neben der Physik der «Erscheinungswelt» gleichermassen die Metaphysik der «Ideenwelt» zum Zuge, ganz im Geiste der oben zitierten Absicht der Autoren, «die Bemühungen des Menschengeistes um eine Aufklärung der Zusammenhänge zwischen Ideen- und Erscheinungswelt zu skizzieren».[8]

Die Vorgehensweise, mit welcher der Bogen von der allgegenwärtigen Erscheinungswelt in die verborgene Ideenwelt geschlagen werden soll, vergleichen Einstein und Infeld mit der Arbeit eines Detektivs in der Tradition Sir Arthur Conan Doyles.[9] Wie Sherlock Holmes muss der Forscher möglichst umfassend das «Tatsachenmaterial» sammeln, um in einem nächsten Schritt durch pure Gedankenleistung eine logische Ordnung hinter dem nur scheinbar Unzusammenhängenden zu erkennen. Der hierzu notwendige «schöpferische Gedanke» lässt sich seinerseits jedoch nicht mit Logik erzwingen, sondern bedarf einzig der Intuition. Um dieser Intuition freien Lauf zu lassen, beginnt der forschende Meisterdetektiv damit, «Geige zu spielen» oder sich «Pfeife rauchend in seinem Lehnstuhl» zu rekeln – «und auf einmal, man höre und staune, hat er es wahrhaftig heraus!»[10] Einstein erklärt das ‹schöpferische› Denken zur notwendigen Voraussetzung dafür, zumindest einen Teil der verborgenen ‹Wirklichkeit› in einem logisch formulierten System zu erfassen.[11] Übertragen auf die theoretische Physik, hat dies zwei Annahmen zur Folge: erstens, dass es eine durch Gesetze begründete «innere Harmonie» der Welt gibt, und zweitens, dass deren Struktur für das menschliche Denken begrifflich fassbar ist.

> Ohne den Glauben daran, dass es grundsätzlich möglich ist, die Wirklichkeit durch unsere theoretischen Konstruktionen begreiflich zu machen, ohne den

5 Zitat Einstein/Infeld: *Die Evolution der Physik* (wie Anm. 4), S. 8.

6 Zitat ebenda.

7 Vgl. auch Banesh Hoffmann und Helen Dukas (Hrsg.): *Albert Einstein. The Human Side. New Glimpses from his Archives*. Princeton: University Press, 1979, S. 106.

8 Zitat Einstein/Infeld: *Die Evolution der Physik* (wie Anm. 4), S. 8.

9 Zitat ebenda, S. 9.

10 Zitat ebenda, S. 10.

11 Siehe auch Albert Einstein: *Autobiographische Skizze*. In: Carl Seelig (Hrsg.): *Helle Zeit – Dunkle Zeit. In memoriam Albert Einstein*. Braunschweig/Wiesbaden: Vieweg, 1986, S. 10.

> Glauben an die innere Harmonie unserer Welt, könnte es keine Naturwissenschaft geben. Dieser Glaube ist und bleibt das Grundmotiv jedes schöpferischen Gedankens in der Naturwissenschaft.[12]

Mit seinem ‹erkenntnistheoretischen Credo› beruft sich Einstein auf eine ‹Wirklichkeit›, die in sich zwar logisch aufgebaut, als Ganzes jedoch willkürlich ist. Warum die Gesetze überhaupt existieren, bleibt ein Rätsel.

Dass der unbedingte Glaube an eine höhere Ordnung die Idee einer gesetzgebenden göttlichen Macht impliziert, lässt sich gerade mit Blick auf Einstein nicht leugnen. So erwähnt er ‹Gott› mit einer Häufigkeit, die etwa Friedrich Dürrenmatt zu der Mutmassung verleitet, «er sei ein verkappter Theologe».[13] Einsteins Gott offenbart sich aber allein in der harmonischen Ordnung aller Erscheinungen und nicht in einer direkten Einflussnahme auf menschliche Schicksale, steht er doch im Gegensatz zu den Göttern monotheistischer Weltreligionen dem Leben vollkommen indifferent gegenüber. Dass Einsteins Gott – identisch mit «Spinozas Gott»[14] – nicht des Gebetes, sondern ausschliesslich der ‹Bewunderung› bedarf, ist die Folge des himmlischen Desinteresses.

> Meine Religiosität besteht in einer demütigen Bewunderung des unendlich überlegenen Geistes, der sich in dem wenigen offenbart, was wir mit unserer schwachen und hinfälligen Vernunft von der Wirklichkeit zu erkennen vermögen.[15]

Einstein strebt danach, die alles umfassende ‹Wirklichkeit› – also die ‹innere Harmonie unserer Welt› – so weit als möglich zu erforschen, nicht aus blosser Freude an der Konstruktion, sondern um mit diesem Wissen «die Welt des Erlebens zu überwinden».[16] In expliziter Anlehnung an Schopenhauer erklärt er das Leiden am «Alltagsleben mit seiner schmerzlichen Rauheit und trostlosen Öde» sowie die drückenden «Fesseln der ewig wechselnden eigenen Wünsche» zum Ausgangspunkt.[17] Während aber Schopenhauer als Konsequenz daraus eine alles umfassende Interesselosigkeit, die sich dem ‹Willen› verweigert, als einzig erstrebenswerte

12 Zitat Einstein/Infeld: *Die Evolution der Physik* (wie Anm. 4), S. 195.

13 Zitat Friedrich Dürrenmatt: Albert Einstein. In: *Vierteljahresschrift der Naturforschenden Gesellschaft in Zürich* 124 (1979), H. 1, S. 58.

14 Siehe Telegramm Albert Einsteins an Herbert Goldstein aus dem Jahr 1928, abgedruckt in: Banesh Hoffmann und Helen Dukas (Hrsg.): *Albert Einstein. Schöpfer und Rebell.* Zürich: Belser, 1976, S. 114.

15 Zitat Albert Einstein: *Gelegentliches. Zum fünfzigsten Geburtstag 14. März 1929 dargebracht von der Soncino-Gesellschaft der Freunde des jüdischen Buches zu Berlin.* Berlin, 1929, S. 10.

16 Ebenda, S. 10.

17 Ebenda.

Lebensform ableitet, vollzieht Einstein eine positive Volte. Vergleichbar mit Spinoza, dem Schopenhauer vorwirft, dass er «die Welt und Alles in ihr [als] ganz vortrefflich und wie es seyn soll» begreife,[18] glaubt auch Einstein an eine ‹innere Harmonie unserer Welt›.[19] Trotz seiner vielen Bekenntnisse zu Schopenhauer mag Einstein dessen Pessimismus nicht teilen.

> Zu diesem negativen Motiv aber gesellt sich ein positives. Der Mensch sucht in ihm irgendwie adäquater Weise ein vereinfachtes und übersichtliches Bild der Welt zu gestalten und so die Welt des Erlebens zu überwinden, indem er sie bis zu einem gewissen Grade durch dies Bild zu ersetzen strebt. Dies tut der Maler, der Dichter, der spekulative Philosoph und der Naturforscher, jeder in seiner Weise. In dieses Bild und seine Gestaltung verlegt er den Schwerpunkt seines Gefühlslebens, um so Ruhe und Festigkeit zu suchen, die er im allzu engen Kreise des wirbelnden persönlichen Erlebens nicht finden kann.[20]

Ist die Überwindung des ‹Alltagslebens› zugunsten einer mutmasslichen ‹Wirklichkeit› das erklärte Ziel Einsteins, so stellt die Physik nur eines von mehreren möglichen Mitteln dazu dar. Für die Frage nach Einsteins Beziehung zur Musik ist dieser Gedanke entscheidend, denn nicht nur die Wissenschaften sind für die Suche nach der verborgenen Welt geeignet, sondern eben auch die Künste: «[…] Künste und Wissenschaften sind Zweige desselben Baumes. Alle diese Bestrebungen zielen darauf hin, das menschliche Leben zu veredeln, es emporzuheben aus der Sphäre der rein leiblichen Existenz und den Einzelnen in die Freiheit zu führen.»[21] Da nun aber die Kunst dieselbe Funktion innehat wie die Wissenschaft, kann Musik nicht als klingende Vorstufe zur Physik gewertet werden. Obwohl Einstein in seinen Äusserungen gelegentlich das Geigenspiel zur naturwissenschaftlichen Inspirationsquelle zu verklären scheint, verwehrt er sich in publizierten Texten mehrfach einer solchen Kausalität. Die Kunst steht gleichberechtigt neben der Wissenschaft, beide sind Ausdruck einer Annäherung an die ‹Wirklichkeit› – soweit es mit der ‹schwachen Vernunft› des Menschen möglich ist. Da die Musik folglich genauso weit von der Erkenntnis entfernt ist wie die Naturwissenschaft, bringt das Geigenspiel den Physiker in seiner Arbeit keinen einzigen Schritt weiter. So kann es also nicht erstaunen, dass der in *The Evolution of Physics* er-

18 Arthur Schopenhauer: *Die Welt als Wille und Vorstellung*. In: *Arthur Schopenhauers Werke in fünf Bänden, nach den Ausgaben letzter Hand*. Hrsg. von Ludger Lütkehaus. Zürich: Haffmanns, 1999, Band 2, S. 750.

19 Zur Wertschätzung Spinozas siehe Albert Einsteins Vorwort in Rudolph Kaysers: *Spinoza. Portrait of a Spiritual Hero. With an Introduction by Albert Einstein*. New York: Philosophical Library, 1946, S. IX–XI.

20 Zitat Einstein: *Gelegentliches* (wie Anm. 15), S. 10f.

21 Zitat Albert Einstein: Moralischer Verfall (1937). In: Albert Einstein: *Aus meinen späten Jahren*. Stuttgart: Deutsche Verlags-Anstalt, 1952, S. 14.

wähnte Sherlock-Holmes-Physiker entweder Violine spielt oder Pfeife rauchend im Sessel sitzt. Fürs Warten auf den Geistesblitz ist das eine so gut wie das andere. Weil Musik und Physik in bezug auf die ‹Wirklichkeit› dieselbe Position einnehmen, können sie sich gegenseitig höchstens anregen, nicht aber das eine dem anderen Unbekanntes offenbaren.

> Die Musik *wirkt* nicht auf die Forschungsarbeit, sondern beide werden aus derselben Sehnsuchtsquelle gespeist und ergänzen sich bezüglich der durch sie gewährten Auslösung.[22]

Einsteins wissenschaftliches Weltbild bestimmt zugleich seine Kunstauffassung, steht doch die Musik – über die gemeinsame ‹Sehnsuchtsquelle› der ‹Wirklichkeit› – in einem Analogieverhältnis zur Physik. Obwohl Musik die Forschungsarbeit nicht direkt beeinflusst und umgekehrt physikalische Theorien keine unmittelbaren kompositorischen Folgen zeitigen, besteht zwischen beiden Bereichen zumindest ein indirekter Zusammenhang. Mit dieser Analogie zwischen Wissenschaft und Komposition lässt sich schliesslich auch Bohuslav Martinůs Interesse an Einsteins Theorien erklären. Denn die Annahme einer alles bestimmenden ‹Wirklichkeit› begründet nicht nur die Parallelität zwischen Musik und Physik, sondern wirkt sich infolge der von Einstein konstatierten ‹inneren Harmonie› sogar auf dem Gebiet der Form aus.

II.

Bohuslav Martinůs Lektüre von Einsteins Schriften lässt sich insbesondere für die 1940er Jahre nachweisen, die der Komponist fast ausschliesslich in den USA verbrachte. Im Winter 1940/41 war er mit der finanziellen Unterstützung Paul Sachers aus Paris über Portugal ins amerikanische Exil geflohen. Nach dem lähmenden Schock der Emigration begann er 1942 im Auftrag von Serge Koussevitzky und dem Boston Symphony Orchestra mit der Komposition seiner ersten Symphonie – bis 1946 sollten vier weitere folgen. Es war wohl hauptsächlich das Problem der symphonischen Form, das Martinů in den frühen 1940er Jahren zu grundlegenden theoretischen Überlegungen sowie zu einer intensiven Auseinandersetzung mit wissenschaftlicher Forschungsliteratur anregte. Einen Eindruck davon vermitteln drei umfangreiche Notizhefte aus der Zeit zwischen 1943 und 1945, in denen er Exzerpte verschiedener Texte – von Heinrich Wölfflin über Max Planck bis Albert Einstein – und eigene Ideen in tschechischer, französischer und

22 Zitat Einstein: *Gelegentliches* (wie Anm. 15), S. 8 (Hervorhebung original).

englischer Sprache niedergeschrieben hat.[23] Ein weiterer Impuls für Martinůs Auseinandersetzung mit wissenschaftlichen Publikationen war ein schwerer Unfall, den er im Sommer 1946 am Berkshire Music Center erlitt. Ans Komponieren war während Monaten nicht zu denken, so dass er sich statt dessen der Lektüre physikalischer Texte widmete – und dies mit viel Begeisterung, wie er in einem Brief an seinen Freund Miloš Šafránek gestand.

> Je continue mes private recherche dans ce domaine [de la physique moderne]. Malheur est seulement, que, plus j'avance la dedans, plus je me perds, moins je comprends, mais plus je suis pris par la curiosité et enthousiasmus de connaitre, de savoir quelque chose, que je saurai probablement jamais. [sic!][24]

Obwohl Martinůs Aussage – ‹wahrscheinlich niemals zu wissen› – auf den ersten Blick als Eingeständnis wirken mag, die physikalische Literatur nicht zu verstehen, verbirgt sich dahinter vielmehr die Kritik an der menschlichen Erkenntnisfähigkeit, analog zu Einsteins bereits zitierter Ansicht, dass wir mit ‹unserer schwachen und hinfälligen Vernunft› das Rätsel der ‹Ideenwelt› unmöglich lösen können. So lässt sich Martinůs Begeisterung für die moderne Physik weitgehend auf Einsteins Vorstellung einer umfassenden ‹Wirklichkeit› und seinen «unerschütterlichen Glauben an die Harmonie des Alls» zurückführen.[25] Da der Komponist die Überzeugung teilt, dass ausnahmslos alles durch dieselben ‹harmonischen› Kriterien bestimmt wird, stellt er sich auf den Standpunkt einer formalen Analogie zwischen moderner Physik und Komposition.

> Quand il [le compositeur] parle de la forme, devellopement, de details, il ne perd pas de vue la totalite de l'œuvre. La structure, le cote rythmique, harmonique, e.t.c. tout est englobe dans une direction, l'ordre, a field, si vous voulez vous avanturer dans le domaine de la physique moderne. Moi meme je veux bien. [sic!][26]

23 Siehe Martinůs Notizhefte aus Darien (1943–1944), Ridgefield (1944) und Cape Cod (1945). Deutlich gekürzt, neu geordnet und ins Tschechische übersetzt sind die Texte enthalten in: Miloš Šafránek (Hrsg.): *Bohuslav Martinů. Domov, hudba a svět. Deníky, zápisníky, úvahy a články* [Bohuslav Martinů. Heimat, Musik und Welt. Tagebücher, Notizen, Überlegungen und Artikel]. Prag: Státní hudební vydavatelství, 1966, S. 139–202.

24 Brief Bohuslav Martinůs an Miloš Šafránek vom 19. November 1946 aus New York, S. 1. Der kritische Gesundheitszustand des Komponisten scheint sich unmittelbar im äusserst mangelhaften Französisch des auf Schreibmaschine geschriebenen Briefes niedergeschlagen zu haben.

25 Zitat Einstein/Infeld: *Die Evolution der Physik* (wie Anm. 4), S. 195.

26 Brief Bohuslav Martinůs an Miloš Šafránek vom 19. November 1946 aus New York, S. 1.

Naturwissenschaft und Komposition sind von derselben objektiven ‹Instanz› abhängig, die aber wegen der mangelhaften Erkenntnisfähigkeit des Menschen niemals in ihrer Ganzheit erfasst werden kann. Die beschränkten Möglichkeiten der menschlichen Wahrnehmung bedingen für die Forschung, dass es laut Einstein «keine induktive Methode» geben kann, «die zu den Grundbegriffen der Physik führt».[27] Dementsprechend verwehrt sich Martinů einer analytischen Kompositionsweise – worunter er wohl die Dodekaphonie versteht –, denn das musikalische Phänomen sei mehr als die Summe der einzelnen Parameter.

> Une vie, une energie est cachee dans les paroles de la musique, qui vous transmette de choses etonantes, si vous etes pret a l'ecouter. Mais ce n'est pas par l'analyse qu'on y parviendra. L'analyse est faite quand l'œuvre est terminee. Maintenant, tres souvent on commence par analyse, on approche la creation a travers l'analyse et cela a des facheusse consequences. C'est comme dans la physique si vous voulez rassambler les parts, vous savez bien, nous en avions tellement parle, vous n'arriverais pas a la totalite, il y aura toujours quelque chose qui va manquer, The whole is not merely the sum of all its parts. Meme en dehors de cela, dans la creation il y a tellement des elements que nous connaissons pas et que nous n'avons pas le moyens de verifier, comme les savants et en plus, nous ne'exigons pas pour la musique une theoretique reaction. [sic!][28]

Das Defizit einer Analyse, die sich auf die Addition musikalischer Parameter beschränkt, liege in der nicht zu fassenden Grösse der ‹Energie›. Obwohl sich ‹Energie› als klanglich-ästhetische Kategorie im musiktheoretischen Schrifttum weit zurückverfolgen lässt[29] und Martinů womöglich unmittelbar durch Ernst Kurths ‹Energetik›-Begriff angeregt worden ist, interessierte ihn der Terminus auch in seiner konkreten physikalischen Bedeutung.[30] So zeugen Martinůs Randnotizen in *The Evolution of Physics* davon, dass er Einsteins und Infelds Buch hauptsächlich mit Blick auf mögliche Parallelen zwischen Musik und Physik gelesen hat. Beispielsweise verknüpft der Violinschlüssel als Glossierung den physikalischen Energiesatz direkt mit der verborgenen musikalischen ‹Energie›, was einen unmittelbaren Zusammenhang zwischen Musik und Automobil evoziert: «the car has

27 Zitat Albert Einstein: Physik und Wirklichkeit (1936). In: Einstein: *Aus meinen späten Jahren* (wie Anm. 21), S. 84.

28 Brief Bohuslav Martinůs an Miloš Šafránek vom 19. November 1946 aus New York, S. 2.

29 Siehe u.a. Rafael Köhler: *Natur und Geist. Energetische Form in der Musiktheorie* (Beihefte zum Archiv für Musikwissenschaft 37), Stuttgart 1996.

30 Ein kurzer Eintrag im Notizheft aus Cape Cod belegt zumindest eine partielle Kenntnis von Ernst Kurths Schriften – das Exzerpt handelt jedoch nicht von ‹Energetik›, sondern von der Bedeutung der Harmonik für die Melodik der Mittelstimmen. Siehe Martinůs Notizen aus Cape Cod (1945), [S. 19].

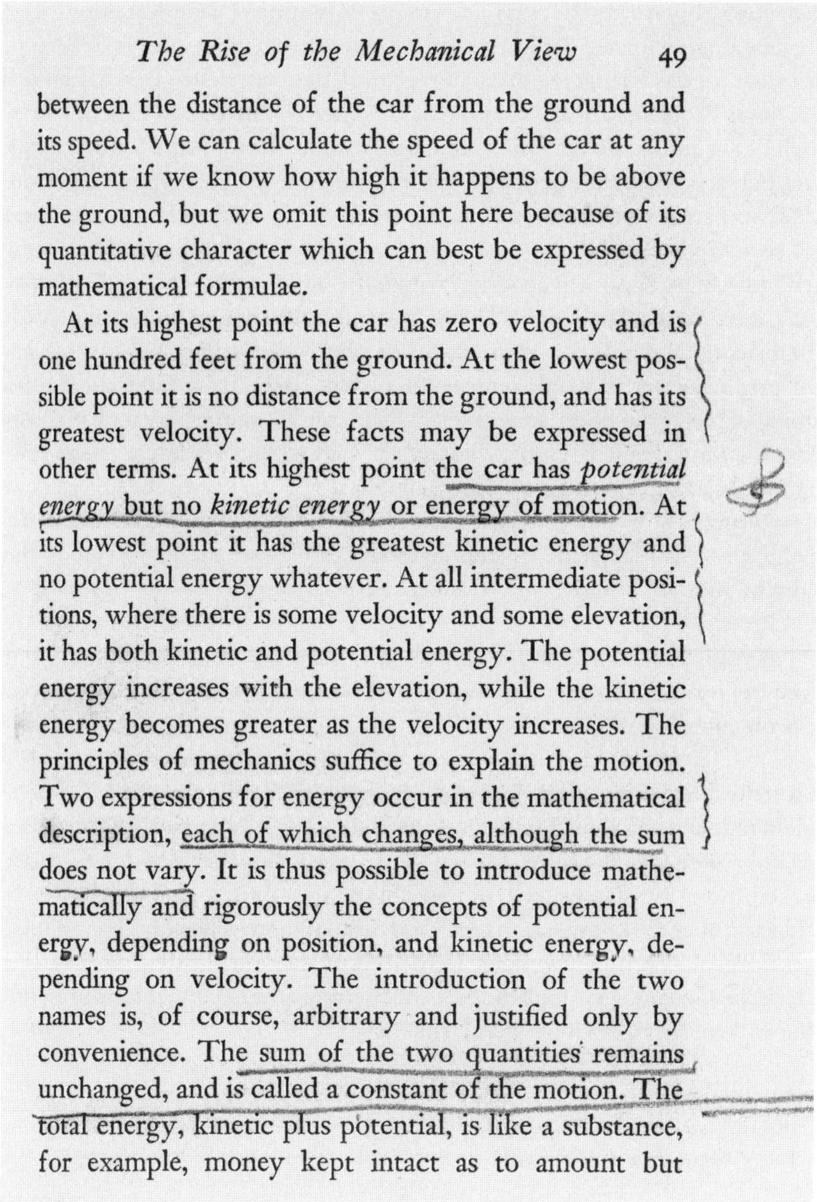

The Rise of the Mechanical View 49

between the distance of the car from the ground and its speed. We can calculate the speed of the car at any moment if we know how high it happens to be above the ground, but we omit this point here because of its quantitative character which can best be expressed by mathematical formulae.

At its highest point the car has zero velocity and is one hundred feet from the ground. At the lowest possible point it is no distance from the ground, and has its greatest velocity. These facts may be expressed in other terms. At its highest point the car has *potential energy* but no *kinetic energy* or energy of motion. At its lowest point it has the greatest kinetic energy and no potential energy whatever. At all intermediate positions, where there is some velocity and some elevation, it has both kinetic and potential energy. The potential energy increases with the elevation, while the kinetic energy becomes greater as the velocity increases. The principles of mechanics suffice to explain the motion. Two expressions for energy occur in the mathematical description, each of which changes, although the sum does not vary. It is thus possible to introduce mathematically and rigorously the concepts of potential energy, depending on position, and kinetic energy, depending on velocity. The introduction of the two names is, of course, arbitrary and justified only by convenience. The sum of the two quantities remains unchanged, and is called a constant of the motion. The total energy, kinetic plus potential, is like a substance, for example, money kept intact as to amount but

Abbildung 2: Handschriftliche Anmerkungen in Bohuslav Martinůs Exemplar von *The Evolution of Physics*, S. 49 (mit freundlicher Genehmigung von Alain Bécourt).

potential energy but no *kinetic energy* or energy of motion» (siehe Abbildung 2).[31] Da aber jede Energieformel der Masse bedarf, müsste sich nicht nur für das Auto, sondern auch für das Klangereignis die Frage nach der materiellen Beschaffenheit stellen. Dieses Problem scheint Martinů nicht weiter beschäftigt zu haben, war er sich doch des grundsätzlichen Unterschiedes zwischen Komposition und Physik durchaus bewusst: «nous n'exigons pas pour la musique une theoretique reaction. [sic!]»[32] Trotz seines regen Interesses an naturwissenschaftlichen Fragen verstand Martinů ebenso wie Einstein den Zusammenhang zwischen Physik und Musik nur als einen indirekten. Zwar zeigen seine Notizhefte und Einträge in *The Evolution of Physics*, dass ihn die Analogie als Denkanstoss interessierte, er hingegen keineswegs beabsichtigte, das Wesen von Musik in physikalische Formeln zu fassen. Dementsprechend war es wohl weniger die physikalische Bedeutung des Satzes «We think of a substance as something which can be neither created nor destroyed», die ihn zu einem Violinschlüssel als Anmerkung verleitete (siehe Abbildung 3).[33] Martinůs Interesse scheint vielmehr durch die mystische Dimension der Aussage angeregt worden zu sein. So unerreichbar Einsteins ‹Wirklichkeit› ist, so unfassbar ist das klangliche ‹Leben› bei Martinů: Weder die Physik noch die musikalische Analyse können dem ‹Ganzen› gerecht werden.

> [...] ni vous, ni moi, ni persone ne peut connaitre tous les elements qui l'ont [l'œuvre] forme, Evidement, si nous pouvions connaitre tous, il n'y aurais pas de problemes. [sic!][34]

Martinů teilte Einsteins Auffassung von der ‹inneren Harmonie› der ‹Wirklichkeit›, zielten doch auch seine Überlegungen in den Notizheften der 1940er Jahre auf eine kohärente Ganzheit. «Wir sehen das Ganze nicht, aber was der Künstler ausdrücken muss, ist: das Ganze!!»[35] Gleichsam als Konsequenz von Einsteins Weltbild kann aber die kompositorische Organisation unmöglich durch eine ‹analytische› Vorgehensweise erzwungen werden. Nur der von Einstein propagierte ‹schöpferische Gedanke› ermöglicht die Annäherung an das Gesuchte, denn «das Erfinden ist kein Werk des logischen Denkens».[36]

31 Unterstreichung von Bohuslav Martinů im Widmungsexemplar: Einstein/Infeld: *The Evolution of Physics* (wie Anm. 2), S. 49.

32 Brief Bohuslav Martinůs an Miloš Šafránek vom 19. November 1946 aus New York, S. 2.

33 Unterstreichung von Bohuslav Martinů im Widmungsexemplar: Einstein/Infeld: *The Evolution of Physics* (wie Anm. 2), S. 43.

34 Brief Bohuslav Martinůs an Miloš Šafránek vom 19. November 1946 aus New York, S. 3.

35 Zitat Bohuslav Martinů: Notizheft aus Darien (1943–1944), [S. 38]: «Nevidíme celek ale artist musí vyjádřit: celek!!»

36 Zitat Einstein: *Autobiographische Skizze* (wie Anm. 11), S. 10.

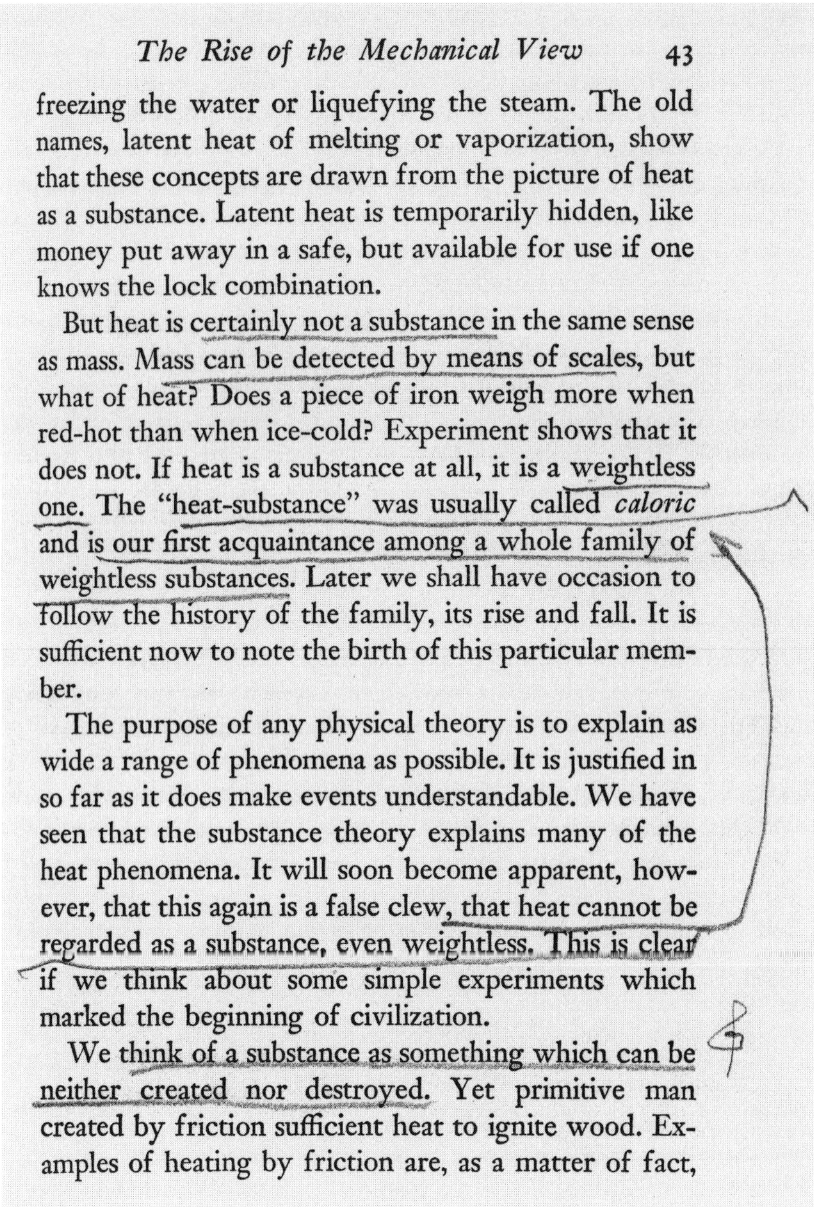

The Rise of the Mechanical View 43

freezing the water or liquefying the steam. The old names, latent heat of melting or vaporization, show that these concepts are drawn from the picture of heat as a substance. Latent heat is temporarily hidden, like money put away in a safe, but available for use if one knows the lock combination.

But heat is certainly not a substance in the same sense as mass. Mass can be detected by means of scales, but what of heat? Does a piece of iron weigh more when red-hot than when ice-cold? Experiment shows that it does not. If heat is a substance at all, it is a weightless one. The "heat-substance" was usually called *caloric* and is our first acquaintance among a whole family of weightless substances. Later we shall have occasion to follow the history of the family, its rise and fall. It is sufficient now to note the birth of this particular member.

The purpose of any physical theory is to explain as wide a range of phenomena as possible. It is justified in so far as it does make events understandable. We have seen that the substance theory explains many of the heat phenomena. It will soon become apparent, however, that this again is a false clew, that heat cannot be regarded as a substance, even weightless. This is clear if we think about some simple experiments which marked the beginning of civilization.

We think of a substance as something which can be neither created nor destroyed. Yet primitive man created by friction sufficient heat to ignite wood. Examples of heating by friction are, as a matter of fact,

Abbildung 3: Handschriftliche Anmerkungen in Bohuslav Martinůs Exemplar von *The Evolution of Physics*, S. 43
(mit freundlicher Genehmigung von Alain Bécourt).

Während Martinů in der Wertschätzung der Intuition als zentrales Moment des kreativen Prozesses mit Einstein übereinstimmte, bestand ein entscheidender Unterschied in der Wahrnehmung des jeweiligen Ergebnisses. Einstein beharrte für das Gebiet der Naturwissenschaften darauf, dass «das Endprodukt an die logische Gestalt gebunden ist», und verstand dementsprechend die «logische Vervollkommnung des Systems der Hypothesen» als alleiniges Ziel der theoretischen Physik.[37] Der unangefochtene Stellenwert der Logik führte bekanntlich auch dazu, dass Einstein die Quantenmechanik mit dem Argument, ‹Gott würfle nicht›, ablehnte und statt dessen die letzten dreissig Jahre seines Lebens vergeblich der Suche nach einer vereinheitlichenden Formel zur Begründung der Quantentheorie widmete.[38] Zwar verwarf auch Martinů im Geiste von Einsteins Ideal der ‹inneren Harmonie› den Zufall als konstitutives Element und verweigerte sich damit jeder musikalischen Aleatorik. Im Gegensatz zu Einsteins Physikverständnis spielte aber die Logik des ‹Endproduktes› bei Martinů eine untergeordnete Rolle: Anders als Einstein, der an physikalische Formeln die Anforderung eindeutiger Logik stellte, glaubte er nicht an die Möglichkeit, eine Komposition in ihrem ganzen Umfang begreifen zu können.

Obwohl Einstein aufgrund der propagierten Analogie zwischen Physik und Musik auch beim kompositorischen ‹Endprodukt› eine eingeschränkte Logik verurteilen müsste, vertrat er in musikalischen Fragen einen vergleichbaren Standpunkt wie Martinů: «The difficulty is that the really good music, whether of the East or of the West, cannot be analyzed.»[39] Wenn man zudem bedenkt, dass sich Einstein bei Äusserungen zur Musik sogleich in deren emotionale Qualität geflüchtet hat, kann wohl unmöglich behauptet werden, der Physiker habe den jeweiligen kompositorischen Wert nach streng formalistischen Prinzipien errechnet. Dagegen spricht unter vielen anderen Voten auch Einsteins Kommentar zu Franz Schubert: «Musizieren, Lieben – und Maulhalten!»[40] Pointiert wird damit eine Rezeptionshaltung beschrieben, die sich grundsätzlich einem strukturellen Hören verweigert. Ob-

37 Zitat Einstein, ebenda. Zitat Albert Einstein (1942). In: Philipp Frank: *Einstein. Sein Leben und seine Zeit.* Mit einem Vorwort von Albert Einstein. Braunschweig/Wiesbaden: Vieweg, 1979, [ohne Paginierung] (Das Vorwort ist nicht in der ersten Auflage von 1949 enthalten).

38 Siehe u.a. Brief Albert Einsteins an Max Born vom 4. Dezember 1926. In: *Albert Einstein. Hedwig und Max Born. Briefwechsel 1916–1955.* Kommentiert von Max Born, Geleitwort von Bertrand Russell, Vorwort von Werner Heisenberg. München: Nymphenburger, 1969, S. 129f., sowie Brief von Albert Einstein an Cornelius Lanczos vom 21. März 1942. In: *Albert Einstein. Lettres à Maurice Solovine.* Hrsg. von Maurice Solovine. Paris: Gauthier-Villars, 1956, S. 65.

39 Zitat Albert Einstein: Gespräch mit Rabindranath Tagore (1930), nachgedruckt in: *The Kenyon Review. New Series* 23 (2001), H. 2, S. 30.

40 Brief Albert Einsteins an den Presse-Verlag Dr. H. Dammert vom 10. November 1928, im Albert-Einstein-Archiv, Jerusalem, Nr. 46-014 (Durchschlag).

wohl der Physiker auf einem emotionalen Zugang zur Musik beharrte – «Ich suche in der Musik keine Logik, sondern bin überhaupt ganz unbewusst» –, stellte er an Kompositionen dennoch die Anforderung einer gleichsam ‹erfühlbaren› Struktur: «Nie gefällt mir ein Werk, dessen innere Einheit ich nicht gefühlsmässig erfassen kann.»[41] Analog zu seinem wissenschaftlichen Weltbild erkannte er auch auf dem Gebiet der Musik in der ‹inneren Einheit› den Kern einer Komposition. Der Unterschied bestand für ihn allein darin, dass die physikalische Erkenntnis in logisch nachvollziehbare Formeln gefasst werden muss, die Musik hingegen im Reich der schöpferischen Intuition verbleiben darf. So ist denn auch das Lob zu verstehen, das Einstein Niels Bohr zollte: «Wenn ich nun Bohrs Gedankengang musikalisch genannt habe, so habe ich sagen wollen, dass hier der logische Zugang ebenso nur rein intuitiv zugänglich war, wie wir es in der Musik erleben.»[42] Dieselbe ‹intuitive Logik› prägt auch das Musikverständnis Martinůs, gehörte doch der Ausspruch des Heiligen Augustinus «If no one questions me, I know: if I would explain to a questioner, I know not.»[43] zu seinen zentralen Leitsätzen der 1940er Jahre.[44]

Trotz dieser grundlegenden Übereinstimmung findet sich aber ein entscheidender Unterschied zwischen Einsteins und Martinůs Musikauffassung in der Verortung des gefühlsmässigen Zusammenhangs: Forderte Einstein die ‹intuitive Logik› für die Rezeption, so war sie bei Martinů im Kompositionsprozess verankert. Dies hatte unter anderem zur Folge, dass die musikalische Periodik trotz ihrer nachvollziehbaren Struktur gleichsam zu einem Ideal von Einsteins Musikverständnis avancieren konnte – im Gegensatz zu Einstein sah der Komponist darin nur den Ausdruck einer überkommenen Konvention. Bekanntlich interessierte sich der Physiker nicht für zeitgenössische Kompositionen und spielte statt dessen neben Werken von Bach und Schubert am allerliebsten Mozarts Violinsonaten. Insbesondere in deren Tonsprache sah er die Anforderungen erfüllt, die das angestrebte ‹unbewusste› Erkennen der ‹intuitiven Logik› an jede Komposition stellte. Dass bei der Bildung dieser Präferenzen auch Einsteins Sozialisation in einem bildungsbürgerlichen Umfeld massgebend gewesen war, liegt auf der Hand.[45] Das beschränkte Repertoire des Physikers hatte denn auch zur Folge, dass

41 Brief Albert Einsteins an Emil Hilb vom Mai 1939. In: Albert Einstein: *Briefe*. Aus dem Nachlass herausgegeben von Helen Dukas und Banesh Hoffmann. Zürich: Diogenes, 1981, S. 73.

42 Brief Albert Einsteins an Viktor Zuckerkandl vom 29. November 1952. Vgl. auch Albert Einstein: Autobiographisches (1946). In: Paul Arthur Schilpp (Hrsg.): *Albert Einstein als Philosoph und Naturforscher*. Braunschweig/Wiesbaden: Vieweg, 1979, S. 17.

43 Zitat Martinů nach Augustinus (Confessiones XI, 14: «Quid est ergo tempus? si nemo ex me quaerat, scio; si quaerenti explicare velim, nescio.»). In: Bohuslav Martinů: Notizheft aus Darien (1943–1944), [S. 41], sowie Notizheft aus Ridgefield (1944), [S. 47].

44 Zitat Bohuslav Martinů: Notizheft aus Darien (1943–1944), [S. 41], sowie Notizheft aus Ridgefield (1944), [S. 47].

45 Vgl. den Beitrag von Hans-Joachim Hinrichsen, oben, S. 11–26.

Martinů trotz der vergleichbaren theoretischen Musikauffassung mit seinen Werken unmöglich den Geschmack des Physikers treffen konnte. Schliesslich beharrte der Komponist auf einer ‹zeitgemässen› Ausdrucksweise und verweigerte sich Stilkopien vergangener Zeiten.[46]

III.

Die Differenz zwischen den Musikidealen Einsteins und Martinůs bestand also nicht in der grundlegenden Idee einer gleichsam ‹intuitiven› Ganzheit, sondern darin, dass der Physiker die Vorstellung einer gefühlsbestimmten Logik aufgrund seiner eigenen musikalischen Sozialisation wie selbstverständlich mit architektonisch klar disponierten Formmodellen assoziierte. Die Leichtigkeit, mit der er eine Komposition beim Hören aufzufassen vermochte, galt ihm als Gradmesser für deren Vollkommenheit, was seine Vorliebe für Mozart erklärt. Im Gegensatz dazu erkannte Martinů seinen kompositionstechnischen Weg zu einer ‹intuitiven› Ganzheit weder in der klassischen Sonatenform noch in der musikalischen Periodik, sondern in den jedesmal neu zu bestimmenden Verfahrensweisen der ‹entwickelnden Variation›. Dass er die motivische Metamorphose etwa in seinen Symphonien der 1940er Jahre mit einer assoziativen Freiheit anwandte, die es oft unmöglich macht, bestimmte Formteile eindeutig auf motivische ‹Keimzellen› zurückzuführen, ist Ausdruck seines Verständnisses einer ‹intuitiven› – und das heisst: nicht mehr an Formkonventionen gebundenen – musikalischen Logik.

Martinů scheint sich des markanten Unterschiedes in der kompositionspraktischen Auffassung durchaus bewusst gewesen zu sein, als er im Dezember 1943 die Gelegenheit hatte, den verehrten Physiker in Princeton zu besuchen. Vermittelt wurde das Treffen durch den Pianisten Robert Casadesus, der sowohl mit Einstein als auch mit Martinů eng befreundet war.[47] Während Einstein dem Komponisten das bereits erwähnte Exemplar von *The Evolution of Physics* schenkte, überreichte Martinů dem Physiker die ihm gewidmeten *Five Madrigal Stanzas*. Laut Martinůs Witwe hat Einstein sie in Begleitung von Robert Casadesus auch tatsächlich gespielt.[48]

46 Vgl. u.a. Bohuslav Martinů: O současné hudbě [Über zeitgenössische Musik] (1925). In: Šafránek: *Bohuslav Martinů* (wie Anm. 23), S. 78.

47 Siehe u.a. Jaroslav Mihule: *Martinů. Osud skladatele* [Martinů. Ein Komponistenschicksal]. Prag: Karolinum, 2002, S. 349. Zur Freundschaft von Casadesus und Martinů siehe u.a. Brief Charlotte Martinůs an ihre Schwägerin Marie Martinů vom 12. April 1949 aus New York: «[…] nos amis les Casadesus, les Français pianists [sic], nous ont offert d'aller habiter leur maison, pour deux mois […]».

48 Charlotte Martinů: *Můj život z Bohuslavem Martinů* [Mein Leben mit Bohuslav Martinů]. Prag: Supraphon, 1978, S. 68.

To Albert Einstein
with my deepest admiration.
Princeton March 1950. B. Martinu

Bohuslav Martinu

FIVE
MADRIGAL
STANZAS
for
VIOLIN and PIANO

Abbildung 4: Handschriftliche Widmung von Bohuslav Martinů für Albert Einstein in *Five Madrigal Stanzas* (mit freundlicher Genehmigung des Albert-Einstein-Archivs der Hebräischen Universität Jerusalem).

Da Martinů die *Five Madrigal Stanzas* für Einstein komponierte, lag es nahe, einige Konzessionen an den Widmungsträger zu machen. Abgesehen vom relativ geringen Schwierigkeitsgrad und einer sehr tonal gehaltenen Harmonik sind auch Anpassungen unverkennbar, die genau in Richtung einer klaren, konventionellen Form zielen. Dies gilt insbesondere für das allererste Stück, am wenigsten hingegen für die beiden letzten Nummern – der Komponist scheint sich zunehmend von den selbstauferlegten Beschränkungen gelöst zu haben. Obwohl man nicht behaupten kann, dass die *Five Madrigal Stanzas* mit Martinůs Tonsprache unvereinbar wären, so erscheinen sie gerade deshalb atypisch, weil das charakteristische Merkmal der ‹entwickelnden Variation› nicht in rhapsodisch-assoziativer, sondern vielmehr in geradezu didaktisch wirkender Weise entfaltet wird, und dies zweifellos Einstein zuliebe. Ebenso als Konzession an Einsteins Geschmack kann die relativ klare Reprisenform der Kompositionen gedeutet werden: Mit Ausnahme des vierten Stücks enthält jede Nummer gegen Ende eine wörtliche Wiederholung des Beginns. So evoziert das erste Stück durch die zugrundeliegende ABA-Form, deren B-Teil einen durchführenden Charakter aufweist, gar den Eindruck einer Sonatenform. Dass das Klavier gegen Ende der ersten Nummer zu einer kleinen Kadenz ausholt, während die Violine drei Takte lang einfach auf dem *c´* verharrt, vermittelt einen weiteren Eindruck davon, wie der Komponist Einsteins musikalischen Geschmack und seine geigerischen Fähigkeiten eingeschätzt hat.

Während der drei Jahre von 1949 bis 1951, die Martinů in Princeton lebte und lehrte, hatte er sicherlich immer wieder Gelegenheit, sich mit Einstein zu unterhalten.[49] So steht fest, dass sie sich, sieben Jahre nachdem Martinů Einstein die *Five Madrigal Stanzas* gewidmet hatte, wieder über das Stück unterhielten, ist doch das Widmungsexemplar, das sich im Albert-Einstein-Archiv in Jerusalem befindet, auf März 1950 datiert (siehe Abbildung 4).[50] Auch haben sie sich mindestens einmal über die politische Situation in der damaligen Tschechoslowakei ausgetauscht: Auf Bitte Martinůs sandte Einstein ein Telegramm an Klement Gottwald, um den kommunistischen Funktionär zur Begnadigung dreier zum Tode Verurteilter zu drängen.[51] Abgesehen davon lassen sich weitere Gespräche zwischen beiden nicht rekonstruieren. Während das Treffen von 1943, für das Martinů die *Five Madrigal Stanzas* komponiert hatte, deshalb nicht genauer beschrieben werden kann, weil die Briefe des Komponisten an seine Familie und Freunde in Europa den Kriegswirren zum Opfer fielen, bleiben die späteren Kontakte im dunkeln, weil sie in der Korrespondenz der Princetoner Zeit keine Erwähnung finden. Das Verhältnis zwischen dem weltberühmten Physiker und dem erfolgreichen Komponisten scheint ebenso freundlich wie distanziert gewesen zu sein. Dies ist nicht weiter verwunderlich, wenn man bedenkt, dass es die Schriften waren und nicht die Person Einsteins, für die sich der Komponist interessierte. Schliesslich beruhte seine Faszination nicht auf der «farbigen Aussenseite» der schillernden Figur, sondern auf dem gemeinsamen Glauben an eine harmonische ‹Wirklichkeit›.[52]

49 Zu Martinůs Zeit in Princeton siehe u.a. Jaroslav Mihule: Martinů na Princetonu [Martinů in Princeton]. In: *Opus musicum* 25 (1993), H. 3, S. 65–70.

50 Für das zur Verfügung gestellte Widmungsexemplar der *Five Madrigal Stanzas* danke ich Barbara Wolff vom Albert-Einstein-Archiv der Hebräischen Universität Jerusalem.

51 Telegramm Albert Einsteins an Klement Gottwald vom 14. Juni 1950 aus New York. Für den Hinweis danke ich Aleš Březina.

52 Zitat Albert Einstein (1942). In: Frank: *Einstein* (wie Anm. 37), [ohne Paginierung].

Schönberg schreibt an Einstein

Die Briefe im musikalischen Kontext

Albrecht Riethmüller

An dem Verhältnis von Einstein und der Musik, speziell von Einstein und Schönberg, hat den Autor von Anfang an die Frage nach Grösse und Bedeutung fasziniert. Dieses Verhältnis ist zum allergrössten Teil vom Anekdoten- und Erinnerungsmarkt besetzt, weshalb die Quellenlage unsicher und trübe ist. Die ausserordentliche Wichtigkeit dieses Umstands ist allerdings keineswegs auf Einstein beschränkt. «Wenn so zwei zusammenkommen wie ich und der Goethe» – so heisst es in einem unterschobenen Brief, in dem Beethoven von seinem Zusammentreffen mit Goethe im August 1812 in Teplitz berichtet. Das geht in dieselbe Richtung, hier sogar von der angeblichen Adressatin Bettina von Arnim möglicherweise selbst als historisches Falsifikat produziert: ein Beethoven-Brief, den sie selbst erfunden und geschrieben haben könnte. Mit Einstein und Schönberg befinden wir uns, wie es scheint, auf einer solideren, zuverlässigeren Ebene. Das Verhältnis von Kunstgenie und Monarch beispielsweise zeigt dasselbe Verhältnis von Bedeutung und Grösse. Schon in dem Moment, in dem man ahnen kann, dass ein Komponist, nennen wir ihn Joseph Haydn, auch von sich selbst sagen kann, dass er vielleicht im Gedächtnis der Nachwelt viel länger und besser behalten wird als der Monarch selbst, den er bewundern, dem er gehorchen muss usw., zeigen sich die Verwerfungen zwischen aktueller Position und späterer Einschätzung.

I.

Das Problem dieser Sachlage von Grösse und Bedeutung besteht im Falle von Einstein und Schönberg vor allem darin, dass es interdisziplinär eingespannt wird, dass Kunst und Wissenschaft bzw. Naturwissenschaft eine Rolle spielen. Dann nämlich sind die Grössenverhältnisse anders. Es erweckt den Eindruck, dass Naturwissenschaftler oder Wissenschaftler überhaupt anders über grosse Männer denken als künstlerische oder musikalische Genies, und an diesem Punkt kann es – das ist der Sinn des folgenden Beitrags – durchaus zu Friktionen kommen. Gerade etwa im Bereich der Musik scheint es zwischen Kunst beziehungsweise Musik einerseits und Wissenschaft andererseits jenseits der Funktion von Musik als Zerstreuung im positiven Sinne, verbunden mit dem für Einstein so wichtigen Emotionalen, nur wenige Schnittmengen von Musik und Wissenschaft zu geben, die nicht irgendwo im Rahmen des Obskuren und des Obskurantismus oder des Okkulten und des Okkultismus zusammengehen. Dort wird es tief, und tief heisst okkult *(vice versa)*. Die missliche Konsequenz ist die, dass im Lager von Einstein beispielsweise dort, wo man auf Musik zu sprechen kommt, die Gefahr besteht, dass Einstein zum Musiker aufgespreizt wird, zu einem Musiker vom Fach. Es ist vernünftig, dem entgegenzusteuern. Wenn man hingegen vom Lager der Musik her schaut – beschränken wir uns hier auf das Schönberg-Lager –, dann wird eine Figur, wie Schönberg sie verkörpert hat, nun umgekehrt im Angesicht von Einstein zum Philosophen, wenn man ihn nicht gleich zum Wissenschaftler zu stilisieren beginnt.

Ehe wir zu Schönbergs Briefen selbst kommen, sei mit einem anderen Beispiel begonnen, das wir der Erinnerungsliteratur beziehungsweise der Anekdotenkultur entnehmen, wobei nichts gegen Anekdoten einzuwenden ist. Wir sollten uns nur dessen bewusst bleiben, dass wir keine verlässlichen Daten, sondern Memoirenquellen vor uns haben – Quellen, deren Reiz nicht in der Rekonstruktion der Tatsachen allein besteht, sondern noch mehr vielleicht in der Konstruktion der Erinnerung und den Strategien, die ein Verfasser damit verfolgt. Das erst 1993 bei Limes in Berlin erschienene Erinnerungsbuch des Pianisten Andor Foldes (1913–1992) enthält vor allem Begegnungen mit grossen Männern (es sind nur wenige Frauen in dieser hauptsächlichen musikalischen Welt darunter, und zwar gekrönte Häupter wie die Kaiserinnen Farah Diba und Michiko, also distanzierte Begegnungen).[1] Seine Frau Lili war dabei, als er 1943 bei Albert Einstein zu Besuch war. Foldes zeichnete sich besonders dadurch aus, dass er sich für seinen Landsmann Béla Bartók eingesetzt hatte und ein fulminanter Beethoven-Interpret war. Er ist wie Bartók angesichts des dräuenden Faschismus aus Ungarn geflohen und hat in New York Zuflucht gefunden. 1943 scheint Einstein ihn bei einem Konzert in Princeton gehört zu haben. Da Foldes gleichzeitig der Duopartner des ungarischen Geigers Joseph Szigeti war, der wiederum in den USA in jenen Jahren überaus berühmt war und den natürlich Einstein gut kannte, hat sich Einstein vielleicht deshalb mit dem Vorschlag an Foldes gewandt, er solle einmal zu ihm nach Princeton kommen, um einen Nachmittag Geige und Klavier zu spielen. So geschah es.

Foldes schildert das Zusammentreffen – wie all diese Begegnungen mit grossen Menschen – so, dass er sich sehr klein macht. Unter all den Grossen wird er dadurch dennoch wieder in dem Sog der Grösse nach oben gezogen. Das gehört ebenfalls zur Versuchsanordnung eines solchen Buches. Foldes ist tief beeindruckt, fasziniert von der Ausstrahlungskraft von Einstein. Er sei nur drei weiteren Menschen gleicher Ausstrahlungskraft begegnet, nämlich Jan Sibelius, Bertrand Russell und Béla Bartók. Seine diplomatische Wahl fällt also auf zwei Wissen-

1 Andor Foldes: *Erinnerungen*. Berlin: Limes, 1993.

schaftler und zwei Künstler beziehungsweise Musiker, auch dies ist geschickt konstruiert im Massstab der Erinnerung. Man setzte sich also und spielte, wobei Einstein der Programmacher war. Zuerst erklang Vivaldi, dann folgten Stücke des 16. und 17. Jahrhunderts, die der Pianist nicht kannte und deren Autoren er ebensowenig kannte. Es schloss sich ein weiterer Komponist an, dessen Namen er an dem Tag zum erstenmal hörte: Biber. Danach erklang eine Sonate von Mozart. Darauf fragte der Pianist: «Wollen wir uns nicht noch an einer Beethoven-Sonate versuchen?» Einsteins Antwort fand er «erstaunlich»: «Ich mag Beethoven nicht so sehr. Er zupft an meinem Herzen, er zeigt sich uns zu nackt in seinen Werken.»[2] (Zwischen den Sonaten von Mozart und denen von Beethoven gibt es allerdings, was den geigentechnischen Schwierigkeitsgrad betrifft, einen Sprung.) Der Pianist war so entsetzt, dass er sich ans Klavier setzte und Einstein ungefragt eine «kurze» Beethoven-Klaviersonate vorspielte. Der Kommentar lautete «sehr schön gespielt». Einstein liess sich jedoch nicht locken; der neuerlichen Frage, zusammen Beethoven zu spielen, beschied er: «Heute lieber nicht».[3] Erst später, erklärt Foldes, «begann ich zu verstehen, was er mit seiner Äusserung über Beethoven gemeint hat».

Es gehört zu den Absichten von Foldes, dass er uns verschweigt, was er verstanden hat, er sagt nur, dass er es im nachhinein getan habe. Überhaupt ist das Vorgehen raffiniert. Foldes vermeidet jedes Urteil über Einsteins Geigenspiel, er vermeidet jedes Urteil über Einstein als Musiker, er vermeidet anzugeben, was er verstanden hat, und man muss zwischen den Zeilen lesen, warum die Kette bei Mozart abbricht und wie es etwa mit neuerer Musik stand. Für jemanden wie diesen Pianisten als grossen Bartókianer muss das von Interesse gewesen sein. Es handelt sich um eine Art Leerstelle, die der Leser nun mit dem, wozu er geneigt ist, besetzen kann. Was sich dabei allerdings zeigen mag, das ist der eigentliche Musikgeschmack von Einstein, wenn denn das Wunschkonzertprogramm oder der Spielplanzettel repräsentativ ist, der nichts Neueres aufwies, keinen Beethoven und schon gar nichts danach. Doch war ebendieses durchaus zeittypisch, speziell mit der Universalisierung von Mozart und den Bedenklichkeiten gegenüber Beethoven. Ähnliches hatte Busoni um 1920 geäussert, es scheint fast so, als habe Einstein es gelesen.[4] (Man müsste eruieren, was Einstein kannte.) Berlin ist gross, und ob sie sich zwischen 1920 und 1924, als Busoni gestorben ist, noch dort haben kennenlernen können, steht nicht fest. Der Vorbehalt, dass Beethoven einen am Herzen zupft, wie auch immer Einstein sich 1943 in Wirklichkeit ausgedrückt

2 Ebenda, S. 86.

3 Ebenda.

4 Ferruccio Busoni: Was gab uns Beethoven? (1920). In: Von *der Einheit der Musik*. Berlin: Max Hesse, 1922, S. 290–297.

haben mag, ist etwas, das in dem Buch des Basler Musikgelehrten Jacques Handschin *Musikgeschichte im Überblick* als zentrales Motiv für Beethoven in Anschlag gebracht wird.[5] Einstein lag im ganzen gesehen in der Zeit mit all ihren Musikbewegungen, voran der Jugendbewegung, die übrigens auch Heisenberg nach eigenen Angaben sehr stark affiziert hat. So gesehen ist auch Einsteins Auffassung von Beethoven alles andere als verwunderlich. 1943 könnte es eine zusätzliche Konnotation gegeben haben, wenn Einstein sich im klaren darüber war, dass für Beethoven nun eine neue Rezeptionsdimension ins Spiel gekommen war – unabweisbar durch Musiker wie Furtwängler –, in der Beethoven zum Inbegriff, zur Galionsfigur des kulturellen Nationalsozialismus im Reiche Hitlers geworden war.

Nicht erst 1993, sondern bald ein halbes Jahrhundert zuvor hatte Lili Foldes, die schriftstellerisch tätig war und auch aktuelle Artikel schrieb, unter der Überschrift *A Musical Visit with Einstein* denselben Besuch bei Einstein in Princeton geschildert, freilich nicht im selben Jahr, sondern etwas danach.[6] Sie versäumt es nicht, auf die Atombombe hinzuweisen; gleich 1943 hätte sie das kaum getan. Was die musikalische Schilderung betrifft, so ist ihr Bericht (unten als Anhang I auszugsweise wiedergegeben) signifikant unterschieden von dem, den ihr Mann übermittelt, voran die Zentrierung auf Bach, den Andor Foldes – aus welchen Gründen auch immer – ganz unerwähnt lässt. Dadurch konturiert Lili etwas schärfer die Dominanz der ‹deutschen Musik›, so deutlich sie sich von Nazideutschland absetzt.

II.

Zur Demonstration der Notwendigkeit von Gedächtniskritik im Bereich der Historiographie hat der Frankfurter Geschichtswissenschaftler Johannes Fried vor einiger Zeit die Erinnerung an jenes Gespräch der beiden Physiker Bohr und Heisenberg herangezogen, das 1941 in Kopenhagen stattgefunden hat.[7] Wegen der politischen Umstände und der Entwicklung der Atombombe, mithin wegen der auch die Wissenschaftsgeschichte tangierenden Dimensionen ist diese Begegnung viel erzählt und nacherzählt worden. Dabei verfestigten sich nicht nur Erzähltraditionen im jeweiligen Lager der Protagonisten, sondern schon diese selbst hatten ihre Erinnerung im Laufe der Zeit modifiziert. Insbesondere modulierten ein-

5 Jacques Handschin: *Musikgeschichte im Überblick*. Luzern: Räber, 1948, S. 348–359.

6 Für den Hinweis auf den Artikel und die Übermittlung einer Kopie sei Barbara Wolff von der Jewish National and University Library (Albert Einstein Archives, Jerusalem) herzlich gedankt. Lili Foldes: A Musical Visit with Einstein. In: *The Etude* 65 (1947), H. 1, S. 5 und 8 [siehe Anhang].

7 Johannes Fried: *Geschichte und Gehirn. Irritationen der Geschichtswissenschaft durch Gedächtniskritik* (Abhandlungen der Akademie der Wissenschaften und der Literatur. Geistes- und sozialwissenschaftliche Klasse 7). Stuttgart: Franz Steiner, 2003.

schneidende zeitgeschichtliche Ereignisse wie die Kapitulation Deutschlands und der Abwurf der Bombe auf Hiroshima die Erinnerung an das Gespräch quasi von Stund an. Auch die Konstellation zwischen Einstein und Schönberg stand – wenngleich einige Jahre früher – unter ähnlichen zeitgeschichtlich brisanten Vorzeichen. Und auch sie lädt ein zu Interpretationen und Spekulationen, sei es aus dem Einstein-, sei es aus dem Schönberg-Lager. Indem wir nun die Erinnerungskultur verlassen und uns den Briefen von Schönberg an Einstein zuwenden, verbessert sich nicht nur die Zuverlässigkeit der Quellenlage, sondern die Fragen von Gedächtnis und Erinnerung spielen hierfür auch keine erkennbare Rolle. Der Rekurs auf die Briefe gewährt einen zusätzlichen Vorteil. Er erlaubt es, ja nötigt geradewegs dazu, dass wir im wesentlichen auf dem Gebiet der Musik und der Musiker verbleiben und nicht auf allgemeine Erörterungen von Fragen aus Politik, Religion und Weltanschauung geraten müssen, auf deren Behandlung ein Musikhistoriker aus Unzuständigkeit recht eigentlich keinen Anspruch erheben darf.

Immerhin ist der Briefwechsel zwischen Schönberg und Einstein überliefert, mit Ausnahme dessen, was vielleicht verloren ist. Erhalten sind drei Briefe von Schönberg und zwei Antworten von Einstein. Schönberg war fünf Jahre älter. Indem er an Einstein schreibt, erhalten wir gewisse Aufschlüsse über Schönberg selbst, seine Verletzlichkeit, seine Reizbarkeit, auch seine Kampfes- und Angriffslust. Es liegt nahe anzunehmen, dass in dem Moment, in dem Schönberg sich gezwungen fühlte, Einstein zu schreiben, er anders schreibt, als er sich sonst, beispielsweise im Kollegenkreis unter Musikern, äussert. Der Grund dafür liegt auf der Hand. Der Briefpartner ist nicht nur Nobelpreisträger, sondern steht eben auch in jenem Rampenlicht, in dem Schönberg gerne gestanden hätte, aber nicht stand.

Die drei Briefe stammen aus den Jahren 1925, 1930 und 1938. Sie sind zusammen mit den Antworten unten als Anhang II wiedergegeben. Es sind bei Lichte besehen drei Variationen über ein und dasselbe Thema, dasjenige des verkannten Genies. Das erste verkannte Genie im ersten Brief von 1925 ist Arnold Schönberg selbst, das zweite verkannte Genie ist 1930 Adolf Loos, der Architekt, das dritte verkannte Genie ist, wie er sagt, sein Jugendfreund Oscar Adler. Es handelt sich bei dieser thematischen Geschlossenheit zusätzlich um drei Bittbriefe. Nur im ersten – die Bitte richtet sich darauf, Einstein kennenzulernen und zu treffen – ist Schönberg bereit, auch etwas zu geben: zu Einstein zu reisen. Die anderen beiden sind ihrer Funktion nach ausschliesslich Bittbriefe.

Den Anlass, warum Schönberg zu Beginn des Jahres 1925 an Einstein schrieb, boten Fragen des Zionismus beziehungsweise der Gründung eines jüdischen Staates. Ich glaube, dass auch dieser Brief ohne diesen Kontext verstanden werden kann, der ihn zwar veranlasst hat und der in der Literatur dann auch häufig allein diskutiert wird als ‹Einstein und Schönberg über Zionismus›. Aber davon ist in den anderen Briefen und vor allem in den erhaltenen Antworten Einsteins wenig die Rede.

Der Abdruck der drei Schönberg- und zwei Einstein-Briefe ist inzwischen doppelt erfolgt, einmal 1987 im Rahmen einer Veröffentlichung von Schönbergs Enkel Eric Randol. Der Aufsatz des Enkels ist typischerweise betitelt *Arnold Schoenberg and Albert Einstein. Their Relationship and Views on Zionism.*[8] 1997 kamen die Briefe noch einmal heraus, nun typischerweise umgekehrt: *Albert Einstein and Arnold Schönberg. Correspondence.* Der Herausgeber und Kommentator Tito Tonietti, Mathematiker an der Universität Pisa, legte den im übrigen besseren Text vor.[9] Die Briefe lassen sich hier in Kürze nicht ausschöpfen und umfassend interpretieren, es können nur einige Einzelheiten beobachtet werden.

Am 1. Januar 1925 stand noch nicht fest, dass Schönberg, der bis zu Beginn des Ersten Weltkriegs in Berlin gelebt hatte, dann die Kriegsjahre beim österreichischen Militär verbrachte und nicht wieder nach Berlin zurückgekehrt war, erneut in dieser Stadt ansässig werden würde. Erst als er 1925 Nachfolger von Busoni an der Akademie der Künste wurde – später in diesem Jahr als der Brief –, rückte Berlin als Wohnsitz in greifbare Nähe. Das am Ende des Briefes in Aussicht gestellte Treffen musste Schönberg noch von ausserhalb her wahrnehmen, weshalb er andeutet, er werde wohl schon einmal nach Berlin kommen, sich aber mit beruflichen Plänen dabei bedeckt hält. Wie sich Schönberg Einstein in dem Brief vorstellt, das konzediert auch Schönbergs Enkel in seinen Erläuterungen, ist äusserst kurios. Schönberg legt einfach einen Brief von ihm an den Formtheoretiker und Musikwissenschaftler Hugo Leichtentritt, der später ebenfalls in die Emigration getrieben wurde, dem ihm unbekannten, so berühmten Einstein bei (vergleiche unten Anhang II) – einen Brief, in dem er sagt, dass er, Arnold Schönberg, nicht an erster Stelle einer Liste von Musikern in Deutschland stehe. Die gesamte Introduktion des Briefes vom Januar 1925 erscheint im Grunde genommen sehr merkwürdig für jemanden, der sich einem anderen empfiehlt beziehungsweise vorstellt. Bei näherem Hinsehen suggeriert Schönberg eigentlich, dass er für die Musik dasselbe sei, was Einstein für die Physik ist. Schönberg muss Einstein zuerst einmal auf sich aufmerksam machen, und darin liegt das Ungleichgewicht. Der Komponist hing in jenen Jahren dem Traum an, mit seiner dann als Zwölftontechnik bekannt gewordenen Methode der ‹deutschen Musik› die Vorherrschaft für die nächsten hundert Jahre zu sichern. Im Brief an Einstein variiert er den Gedanken so, dass man in Deutschland sogar bereit sei, «auf die Vorherrschaft in der Musik zu

8 E[ric] Randol Schoenberg: Arnold Schoenberg and Albert Einstein. Their Relationship and Views on Zionism. In: *Journal of the Arnold Schoenberg Institute* 10 (November 1987), S. 134–187.

9 Tito Tonietti: Albert Einstein and Arnold Schoenberg. Correspondence. In: *NTM. Neue Zeitschrift für Geschichte und Ethik der Naturwissenschaften, Technik und Medizin, Neue Serie* 5 (1997), S. 1–22.

verzichten», soweit diese an Schönbergs Namen geknüpft sei. Ungefragt wiederum, aber bestimmt zur Vorbereitung der Diskussion über Fragen des Zionismus und des jüdischen Staates bringt er das Problem einer jüdischen Musik auf und diskutiert es. Es ist kaum vorstellbar, dass er zwanzig Jahre später dasselbe noch mit denselben Worten getan hätte. Er lässt sich dazu hinreissen zu statuieren, dass es keine jüdische Musik gebe, um freilich sogleich einzuschränken, es gebe keine jüdische Kunstmusik (denn natürlich wollte er die Synagogalmusik oder vielleicht auch folkloristische Musik nicht leugnen). Er versucht, die These argumentativ zu untermauern. Im Vorfeld einer Diskussion über den Zionismus und die Gründung eines jüdischen Staates, das ist ihm klar, kann er die Sache nicht dabei bewenden lassen, dass er nur die Tür zu einer jüdischen Kunstmusik zuschlägt, weil er selbst von der Nationalmusik oder nationalistischen Musik überzeugt ist. (Allerdings muss man sich vergegenwärtigen, dass das Bewusstsein dieser Fragen heute anders ist als 80 Jahre zuvor und das damalige Bewusstsein einzelner nicht mehr restlos rekonstruierbar sein kann.) Schönberg schlägt eine wunderbare Volte, indem er angibt, dass es zwar keine jüdische Kunstmusik gebe, aber eigentlich alle Kunstmusik jüdisch sei. Denn keine Kunstmusik sei nicht jüdisch beeinflusst. Wenn man sich die Position überlegt hat und andere davon überzeugen möchte, dann zündet das Argument. Aber hier ist es eher so, dass Schönberg das eine tun wollte und das andere nicht lassen konnte. Es war wohl die Diaspora, die ihn dazu nötigte. Der sehr ausführliche Brief hatte indessen nach Schönbergs deutlichem Bekunden gegen Briefende den Hauptzweck, den Wissenschaftler zu einem ‹Rendezvous› zu bewegen, das nicht zustande gekommen ist. Einstein hat offenbar nicht geantwortet; es ist müssig, darüber zu spekulieren, ob ihn der von Schönberg aufgedrängte Diskurs über die Nichtexistenz einer jüdischen Kunstmusik Mitte der zwanziger Jahre interessiert hat.

Fünf Jahre später hat Schönberg die nächste Bitte geäussert, nun nicht um seiner selbst willen, sondern wegen des kränkelnden, alternden Architekten Adolf Loos. Der Ton des zweiten Briefes ist etwas kühl. Schönberg geht explizit darauf ein, dass es sich im Falle von Loos um einen grossen Mann handelt, der, gerade weil er gross ist, Unterstützung verdiene. Der Grund, warum Einstein diese Bitte abschlägig beschieden hat, klingt einleuchtend: er kenne diesen Architekten nicht gut genug, um sein Werk beurteilen zu können. Schönberg scheint über diese Antwort verschnupft gewesen zu sein, er plante eine Antwort auf die Antwort, in der er Einstein Vorhaltungen macht, warum er diesen so hochbedeutenden Architekten nicht kenne.[10] Es wäre nun pure Spekulation zu überlegen, ob Einstein etwa

10 Wie er in einem Brief an Claire Loos am 17. November 1930 anmerkt. Der Brief ist abgedruckt im Anhang zu Schoenberg: *Arnold Schoenberg and Albert Einstein* (wie Anm. 8), S. 160.

das geflügelte Wort von Loos kannte, dem zufolge Ornament ein Verbrechen sei, und sich unwohl gefühlt haben möchte, den Urheber dafür zu loben. Das Bonmot wurde in bestimmten Kunstkreisen, auch in Schönbergs Nähe, wohlgefällig aufgenommen, während man sehr unglücklich darüber war, wenn etwa Bergs *Wozzeck* durch Alfred Heuß, einen rechten Schmierenjournalisten, in eine kriminelle Ecke gedrängt wurde. Die Versuche, Kunst zu kriminalisieren, verebben nicht. Was wiederum Einstein in den zwanziger Jahren über Architektur – auch etwa über das Bauhaus – dachte, trüge zur hier verfolgten Sache nichts bei. Einstein schlug Schönbergs zweite Bitte kurz, formvollendet und sehr höflich ab.

In radikal veränderter Lage, längst wie Einstein in die USA ausgewandert, nimmt Schönberg einen dritten Anlauf mit dem brisantesten seiner Briefe. Inzwischen sind wir im Sommer 1938, der Anschluss Österreichs war kürzlich erfolgt, Schönberg setzte sich dafür ein, Oscar Adler die Immigration in die USA zu ermöglichen. Das kam nicht zustande, Adler floh dann nach London und blieb dort bis zu seinem Tode. Hier ist nun ein Schicksal berührt. Schönberg spielt gleich am Anfang des Briefes darauf an, und Einstein reagiert sogleich positiv und hilfsbereit in seiner ausführlichsten Antwort an Schönberg. Er gibt praktische Ratschläge und übt Solidarität mit dem jüdischen Schicksal. Er verweigert sich nicht, allerdings verhält er sich trotzdem insofern ablehnend, als er nicht unternimmt, wozu Schönberg ihn anstacheln wollte. Im Ton ist der dritte Brief Schönbergs am kühlsten. Er erscheint so unfreundlich und uneinladend, dass sich einem die Frage stellen mag, was die Intention dieses dritten Anlaufs war. Bestand sie nur im Einsatz für einen Jugendfreund? Schönberg erinnert eigens an seinen Vorstoss wegen Loos acht Jahre zuvor. Damals hätte er einen Grossen vorgeschlagen, genauer gesagt einen verkannten Grossen, dieses Mal verlegt er sich als Kontrast auf einen Unbekannten, sozusagen auf einen verkannten Kleinen. Der explizite Bezug auf die frühere Korrespondenz wegen Loos fällt um so mehr auf, als Schönberg und Einstein sich inzwischen persönlich kannten; es sind Fotografien der beiden in Amerika erhalten, was 1930 in Berlin offenbar noch nicht geschehen war. Schon die schroffe Anrede «Sehr geehrter Herr» ist das Minimum, das man sich leisten kann, um nicht rüde zu erscheinen. Der Adressat soll doch eigentlich dazu bewogen werden, jemandem zu helfen. Die nächste Merkwürdigkeit ist der Hinweis darauf, dass Oscar Adler – von Hause aus Arzt, für Schönberg jedoch in erster Linie Musiker (Geiger gewissermassen im Nebenberuf oder als Amateur) – ein hässlicher Mensch sei. Wo es um die Rettung eines Menschen geht, tut das nichts zur Sache, für ein Affidavit beziehungsweise die dringlich benötigten Reisepapiere sind ästhetische Gesichtspunkte unerheblich. Schönberg will Einstein davon überzeugen, dass Adler auf einen Lehrstuhl in den USA gehöre. Ästhetik als Empfehlungskriterium muss dabei nicht weniger befremdlich wirken. Was wollte der

Komponist dem Wissenschaftler mit der kryptischen Formulierung andeuten, dass Adler «von einer Hässlichkeit des Aussehens ist, die man nicht interessant nennen kann, wenn er nicht gerade Geige spielt oder vorträgt»? Schönberg war, wie er 1934 in einem Brief an Robert Weiss durchblicken liess, irritiert davon, dass Einstein gut aussah.[11] Es sind eigenartige Subtexte in Schönbergs Brief zu gewärtigen, Signale, die wir nur noch schwer rekonstruieren können, die aber damals eine aktuelle Rolle gespielt haben mögen. Der Brief scheint zu oszillieren zwischen dem ehrlichen Helfenwollen zugunsten der Schicksalsgenossen, deren Leben in Europa bedroht war, und einem Instrumentalisieren des Jugendfreundes aus Anlass der schicksalhaften politischen Situation. Denn es klingt hier einfach so, als ob Schönberg Einstein ärgern wollte, zumal er ihn an einer Seite packt, an der Einstein die Angelegenheit abschütteln musste. War es (gemäss dem damaligen Kodex) für einen erfahrenen Universitätsmann wie Einstein eine Unmöglichkeit und daher Zumutung ohne Augenmass, einen zumal unbekannten Fachfremden auf einen Lehrstuhl zu bugsieren, so geht Schönberg noch einen entscheidenden Schritt weiter, durch den Einstein sich – absehbar – in seinem Wissenschaftsverständnis ‹verhohnepipelt› fühlen musste. Zur Begründung der wissenschaftlichen Qualifikation des Dermatologen und Musikers Adler wird eine in mehreren Bänden erschienene *Einführung in die Astrologie als Geheimwissenschaft* angeführt. Das Ansinnen an den Physiker, sich zugunsten von Adler für die Besetzung einer Professur für Astrologie zu verwenden, kann nur als ahnungslos oder dreist, naiv oder boshaft verstanden werden. Naturwissenschaftler, zumal Physiker, Astrophysiker und Astronomen, reagieren bis heute negativ auf das Reizwort Astrologie in Verbindung mit dem Wissenschaftsbegriff. Mit Astrologie in Zusammenhang gebracht zu werden, musste auch Einstein als rufschädigend auffassen, als absolut unmöglich. Schönberg, so wach, so sensibel er war, konnte es nicht entgehen, dass eine Empfehlung Einsteins, jemanden auf einen solchen Lehrstuhl zu setzen, den Physiker selbst ins Zwielicht des Okkultismus brächte. Vielleicht findet jemand noch eine bessere Lesart; ich schlage unterdessen die vor, dass Schönbergs Zumutung bewusst geschah, denn er hatte sich beim ersten Brief von 1925 monatelang überlegt, ob er Einstein schreiben, wann er ihm was genau sagen solle, lange vorher über seinen Verleger die Adresse eruiert, er hatte sich innerlich penibel vorbereitet. Dass er nun eine Unbedachtsamkeit begangen haben sollte, ist bei allem Hang zur Spontaneität und Impulsivität unwahrscheinlich. Es schliesst einander nicht aus, dass Schönberg dem Jugendfreund Adler helfen und Einstein einen Streich spielen wollte.

11 Der Brief ist abgedruckt im Anhang zu Schoenberg: *Arnold Schoenberg and Albert Einstein* (wie Anm. 8), S. 166.

Der *missing link* der Briefangelegenheit und der Bücher Adlers zum Okkultismus beziehungsweise zur Astrologie könnte das Motiv der schweren Verständlichkeit sein. Schönberg hat dieses Motiv in seinen Schriften für sich und Einstein verwendet.[12] Bei der Demonstration von ‹Fasslichkeit› *versus* Schwerverständlichkeit von Musik wägt Schönberg ab und pocht zugleich auf sein Recht auf Schwerverständlichkeit. Ob er es aus Not oder Absicht tat, lassen wir dahingestellt. Nur weil er die Theorien von Einstein (wie die Bücher von Kant) nicht verstehe, könne er glauben, dass etwas Richtiges an ihnen sei. Misstrauen würde er ihnen mithin mehr, wenn er sie bequem verstünde. Damit versucht er zu reflektieren, zu rationalisieren und zu rechtfertigen, dass umgekehrt seine Musik die Richtige ist, obwohl viele sie der Unverständlichkeit zeihen. Die Feststellung von Wahrheit durch Verständnislosigkeit gerät freilich in die Nähe eines *argumentum ex occulto* und bleibt zwiespältig. Der springende Punkt liegt hier nicht in der Selbstverständlichkeit, dass (nur) Spezialisten einander beurteilen und verstehen können – der Musiker den Musiker und der Physiker den Physiker –, sondern in dem Schluss von der eigenen Ignoranz auf die Triftigkeit der Sache des anderen. Es zeigt sich jäh, wie schroff Wissenschaft und Kunst methodisch und argumentativ auseinandertreten (und auch der Okkultismus keinen Brückenschlag gewährt). Vielleicht bedeutet Einstein – doch das bleibt Spekulation – für Schönberg eine besondere Herausforderung, weil dieser verstand, dass die Theorien des Physikers komplizierter waren als seine Kompositionen beziehungsweise Werke, aber nicht verstehen konnte oder wollte, warum der Physiker dennoch so viel populärer war als der Musiker. (Im innermusikalischen Diskurs begann man damals erfolgreiche, womöglich populäre Erzeugnisse als eher primitiv abzustempeln.)

Einstein hatte sich von Schönberg schon 1925 keine Debatte über (jüdische) Musik aufzwingen lassen. Auch 1938, in seiner ausführlichsten Antwort an den Komponisten, diskutiert er nicht über Kunst und Wissenschaft. Bei den Ratschlägen, wie Adler praktisch geholfen werden könne, ignoriert er die von Schönberg ins Spiel gebrachte Aspiranz auf «Wissenschaft» und spielt den Ball zurück in Schönbergs Feld. Dieser und seine Freunde sollten doch versuchen, Adler dadurch zu helfen, dass sie «für ihn, wenn möglich als Musiker, eine materielle Existenz» zu sichern suchten. Das ist etwas doppeldeutig gesagt. Denn «wenn möglich» kann auf der einen Seite meinen, dass Einstein es für einen Musiker für aussichtsreicher hielt, in den USA beruflich tätig zu werden. Es kann aber auf der anderen Seite ebenso gemeint sein, dass man es versuchen solle, wenn es überhaupt möglich ist, Adler als Musiker zu bezeichnen, weil er doch von Beruf etwas anderes war. Mit

12 Näher zu den Textstellen vgl. Albrecht Riethmüller: Hermetik, Schock, Fasslichkeit. Zum Verhältnis von Musikwerk und Publikum in der ersten Hälfte des 20. Jahrhunderts. In: *Archiv für Musikwissenschaft* 37 (1980), S. 54.

Astrologie, so schärft er dem Komponisten ein, dürfe sein Name nicht zusammengebracht werden; er selbst könne sich nur dann für Adler verwenden, wenn er sich dabei «nicht indirekt für die Astrologie einsetzen» müsse. Immerhin hatte der Physiker sich nach Schönbergs Ersuchen sogar die Mühe gemacht, ein ihm von der Schwiegermutter des eben zum alleinigen Chefdirigenten des Philadelphia Orchestra gekürten Eugene Ormandy überlassenes Exemplar des astrologischen Opus von Adler wenigstens kursorisch zu lesen.

In den Briefen an Einstein wirkt Schönberg, um ein sportives Bild zu bemühen, zunehmend wie ein Boxer, der den amtierenden Weltmeister zum Kampf herausfordert. Auf einer allgemeineren Ebene kann der gesamte Briefwechsel wiederum für eines nicht in Anspruch genommen werden: für einen gerade im Umkreis neuer Musik des 20. Jahrhunderts stets wieder ersehnten Schulterschluss von Musik und Naturwissenschaft. Wir wissen nicht, wollen aber auch nicht ausschliessen, dass es Einstein so vorgekommen sein könnte, als zeige Schönberg sich ihm zu nackt in seinen Werken und zupfe zu sehr an seinem Herzen. Schönbergs Musik war wohl nicht die, die Einstein brauchte. Er scheint das Gespräch mit Schönberg über Musik nicht gesucht zu haben, obwohl er vor dem Wechseln ihrer Briefe aus dem Jahre 1938 mit seiner Frau bei dem Workshop anwesend war, den Schönberg in Princeton gegeben hatte. Doch diese Begegnung fällt im Unterschied zu der verlässlicheren Basis in den Briefen zurück in jene Sphäre, in der die Anekdoten und die Erinnerungen, auch im Milieu von Dienstboten, zu Hause sind und die ich zu umgehen trachtete.

Anhang I

Aus: Lili Foldes: A Musical Visit with Einstein. In: *The Etude* 65 (1947), H. 1, S. 5 und 8.

[Editor's Note: … Einstein started playing the violin in his early youth, taking music lessons from a local teacher in Ulm. He devoted so much time to the study of the instrument that we find his father, Hermann Einstein, complaining in a letter to his relatives in Italy that Albert had been neglecting his school work and wanted only to play the violin. His mother, however, encouraged his playing and they could be found evening after evening, playing together. It is said that they devoted themselves mostly to the works of Bach. These are still his preference today. Music is continually a part of his daily life and he often starts the day playing scales upon his violin. He frequently turns to music for relaxation from the great mental strain demanded by his highly technical labors. Professor Einstein also plays the piano. The following is printed by permission from the forthcoming book, "Two on a Continent", by Lili Foldes, to be published next month by E. P. Dutton and Company. Lili Foldes, briliant [sic!] Hungarian author, is the wife of Andor Foldes, virtuoso pianist, many of whose articles have appeared in THE ETUDE.]

[...]

An Example of Simplicity

We had about a minute to observe all this, for promptly after our arrival, the Professor entered the room and, as far as I was concerned, a white elephant could have entered the room after that without my noticing it, so completely was I lost in the fascination of observing Einstein.

He entered the room with his violin tucked under his arm. He wore a white sport shirt with short sleeves, and over this a tan sweater. He looked happy and young. Perhaps the youthful impression was created by the weightless way of walking. He seemed to move about with the lightness of a child or that of a sportsman.

In other ways, too, there was an ease about him. After a few minutes with Einstein you began to wonder why some people worry and hurry, and act confused. With Einstein in the room the world seemed to be lovely and simple, and life held no problems.

It may seem paradoxical to the point of absurdity that one should sense a problemless world, void of complications and worries, in the presence of the very man whose daily task it is to solve problems of such complex nature that they are beyond the comprehension of ninety-nine per cent of the people of the world. But this was the sensation we both felt. At the very time of our visit – as we came to realize many months later – Einstein must have been in the midst of his work which resulted in the establishment of the first experimental laboratory for the making of the atomic bomb. Yet the heartfelt ease and relaxation that characterized every word, every motion of his gave us the impression that his only concern was to make up his mind as to which sonata to play presently.

"Let's see ... which piece would you like to try, Mr. Foldes?"

He walked to the piano and looked at the music laying on the top of the instrument.

"I know none of them well ..." the scientist smiled, shyly. "I haven't practiced for a long time ... I hope it won't disturb you too much ..."

Einstein had selected violin-piano sonatas so rarely played that not even Andor had heard of them, familiar as he is with the chamber music literature.

The professor explained that he had found these works many years ago in a music library in Berlin, and immediately took to liking them. They were works of two Italian and two German masters of the eighteenth century; sonatas by Tartini, Corelli, Biber, and a romantic sonata by Bach, familiar only to the connoisseurs of musical rarities.

In explaining to Andor what it was that he especially liked in these pieces he revealed to us his musical taste.

"I like them because of their clarity, simplicity and clean-cut design,["] he said.

Bach was one of his great favorites, he confessed. "His music is pure", he said and the way he said it left no doubt that this was the greatest praise he could give any master.

Andor asked the professor about his feelings toward the other great composers. Einstein made one of the most unusual and highly individual remarks about Beethoven.

"I think he is too personal ... almost naked ... I feel uncomfortable listening to Beethoven ... give me Bach rather, then more Bach ..."

Andor obliged. He played for this most distinguished one-man-audience the *C Major Toccata, Aria,* and *Fugue* of Bach.

Einstein was silent and deeply touched by the grandeur of this work. It inspired him to step out of his role as a listener and to participate actively in making music. He suggested that they start playing the Bach Sonata.

Watching Andor play sonatas with Einstein was a joy. The professor had a warm tone and seemed to be able to keep up the teamwork between the two instruments without difficulty. He showed discipline in his *tempi* – a very rare quality with non-professional musicians. "It seems that he knew how to count to four", Andor jokingly remarked later. The only thing he had difficulty with was playing the technically involved passages. But the joy he showed while playing made the experience thoroughly enjoyable for Andor.

Einstein was happy as a child seeing that a professional musician, a concert artist, was satisfied with his fiddling. He looked even gayer and more refreshed after an hour and a half of playing than before [...]

Anhang II

Die Briefe von Arnold Schönberg an Albert Einstein und dessen Antworten darauf[13]

1. Schönberg an Einstein, 1. Januar 1925 (von ungenanntem Ort nach Berlin)

Hochverehrter Herr,
den beiliegenden Brief an Herrn Dr. Leichtentritt zu schreiben, bin ich leider genötigt durch die Besonderheit meiner Stellung im deutschen Kunstleben. Der Wunsch, mich dort verschwinden zu lassen, meine Existenz zu negieren, ist so gross, wie die Zahl derjenigen, die ihr Brot bestenfalls in Tränen ässen, wenn eine von der Tonalität entbundene Musik sich als lebensfähig erwiese. Einmal diese Nabelschnur durchschnitten, die heute weniger die Musik, als die Musiker verbindet (und nährt, wie nicht verschwiegen sein soll), und die deutsche Musikwissenschaft, die sich bis heute ein «Mittel-Ding» zwischen Musik und Wissenschaft dünkt, ist nur mehr Wissenschaft, was sie gewiss kaum war. Darum die hitzige Besorgtheit.

Während ich aber nun im Ausland mindestens als der führende deutsche Musiker gelte, ist man unbegreiflicherweise in Deutschland gerne bereit auf die Vorherrschaft in der Musik zu verzichten, wenn man nur damit verhindert, dass sie an meinen Name anknüpft. Darin, in dem Hass gegen mich, sind Juden und die zuständigen Hakenkreuzler eines Sinnes.

Ich nun habe keinen Anlass, diesem Hass, der von mir lebt, die Nahrung zu entziehen; wenn auch, allerdings, kein Interesse, ihm neue Nahrung zuzuführen. Dennoch kann es mir nicht einfallen, die Taktlosigkeit zu kontrasignieren, die meinen Rang innerhalb der jüdischen Musiker geringer ansetzt, als unter allen Musikern. Wer die Rangverhältnisse nicht kennt, oder nicht anzuwenden in der Lage ist, hat den bequemen Ausweg des Alphabeths. Wird aber dieses nicht eingehalten, werden somit Ränge zuerkannt, so gebe ich mich nicht so leicht zufrieden und übe weitgehendste Kritik an der Autorität des Schätzmeisters.

Zur Sache selbst habe ich zu sagen, dass es meines Wissens eine jüdische Musik – Kunstmusik – derzeit nicht giebt, wenn auch, wie ich glaube, alle abendländische Musik auf Juden weist und ihre Entwicklung, ja vielleicht ihre Grundprinzipien dem jüdischen Wesen und Geist verdankt. Die Kunst der Niederländer einerseits erinnert in vielem an das was man von Talmud und Kabbala weiss und anderseits haben wir in der zum Teil von Juden durchsetzten Zigeunermusik das Gegenstück zu dieser auf wissenschaftlichen und okkulten Erkenntnissen beruhenden Hirn-

13 Zitiert nach Tonietti: *Albert Einstein and Arnold Schoenberg* (wie Anm. 9), S. 1–22.

Kunst. Davon abgesehen (denn es ist eine Hypothese für die Beweise nicht leicht zu erbringen sein dürften) giebt es nur deutsche, italienische, französische, etc. Musik, die von Juden geschrieben ist und daher gewiss jüdische Züge besitzt. Wollte man aber diese als jüdische Musik reklamieren, so würde man damit einerseits den oben dargelegten Einfluss des jüdischen Geistes auf die abendländische Musik verkleinern, andrerseits aber diesen von Juden geschaffenen Werken, die doch zusammengenommen keine jüdische Musik ergeben, jenen Wert im Kunstleben der Völker innerhalb welcher sie als zu deren Nationalmusik gehörig angesehen werden, nehmen. Bizet wäre dann kein französischer Komponist mehr (und sein Einfluss auf die französische Musik?) aber doch auch noch kein jüdischer.

Darf ich Ihnen aber nun aufrichtig sagen, dass der Gegenstand dieses Briefes mir nicht wichtig genug schiene, einen Mann wie Sie damit zu behelligen, wenn ich ihn nicht als Vorwand nähme, meinen langgehegten Wunsch mir selbst zu erfüllen: ich trachte schon seit Langem mich aus nachhinunter genanntem Grunde mit Ihnen in Beziehung zu setzen, was aber bisher nicht gelungen ist.

Lassen Sie mich kurz sagen, warum:

ich möchte sehr gerne mit Ihnen über die Frage der Aufrichtung eines jüdischen Staates sprechen. Ich weiche in manchem von der zionistischen Propaganda ab, ohne deren Wert zu verkennen. Im 2. Heft der von Seiden herausgegebenen Brochure «Pro Zion» habe ich mich über an mich gestellte Fragen in einer Weise geäussert, welche vom oberflächlichen Leser wahrscheinlich als blosse Ablehnung aufgefasst werden wird. In Wirklichkeit aber steht auch noch einiges andere darin. Eben darüber möchte ich gerne mit Ihnen sprechen. Könnten Sie mir ein Rendezvous geben? Ich dürfte allerdings in den nächsten Monaten einmal nach Deutschland kommen. Wenn Sie bereit wären, mich anzuhören, wäre ich Ihnen sehr dankbar.

Ich hoffe bald von Ihnen eine freundliche Antwort zu erhalten und werde diese unter allen Umständen mit der Achtung aufnehmen, die einem Manne wie Sie es sind gebührt.

Inzwischen empfehle ich mich mit der grössten Hochachtung und Ergebenheit.

Arnold Schönberg

[beigelegt: Schreiben von Schönberg an Hugo Leichtentritt:]

Sehr geehrter Herr Doktor Leichtentritt,
seinesgleichen mutet man nicht mehr Bescheidenheit zu, als man selbst bezeigt und giebt ihm soviel Ehre, wie man selbst, als für sich angemessen, zu empfangen gewöhnt ist.

Eine nichtalphabethische Liste weist auf Ungleiche, und da erkennt der, dessen Beitritt «erwünscht wäre», dass er eben nicht unentbehrlich ist; wartet darum, ehe er sich entscheidet, ab ob ihm durch bessere Formen entsprechendere Umgebung garantiert wird und empfiehlt sich inzwischen mit soviel Hochachtung, als ihm zukommt.

2. a) Schönberg an Einstein, 1. November 1930 (von Berlin nach Berlin)

Hochverehrter Herr Professor Einstein,
Adolf Loos, der grosse Architekt, wird am 10. (oder 12?) Dezember 60 Jahre alt. Er, von dem alle heutige Architektur lebt, der vor fast vierzig Jahren als Erster und Einziger die Grundsätze aufgestellt hat, auf denen heut alles baut, wer seine Zeit verstehen will, er fand niemals in seinem ganzen Leben auch nur einen Bruchteil der Anerkennung, die ihm gebührt. Er war bekämpft, wie nur irgendeiner, der die Welt weiterbringt.

Heute ist er krank und seine Umgebung ist nicht sicher, ob er seinen Geburtstag erleben wird. Dabei verzehrt ihn der heisse Wunsch (obwohl er in seinem ganzen Leben nie nach Ehrungen gestrebt hat) sein Wirken anerkannt zu sehen durch eine kleine erlesene Anzahl heutiger Bester.

Darum bitte ich Sie: möchten Sie diesen ‹Aufruf› unterzeichnen?

Ich weiss nicht, ob dieser Aufruf den Erfolg haben kann, den Loos sich erhofft. Aber wenn er nur den hat, ein krankes Herz, überarbeitet und überanstrengt, das Leistung und Ärger bewältigen musste, für wenige sonnige Stunden ruhig zu stellen, so glaube ich mit Freunden unterzeichnen zu sollen und wünsche sehnlichst, dass auch Sie, wenigstens aus diesem Grunde, es auch tun.

Aber ich hoffe fast: Sie glauben vielleicht auch an die Grösse und Bedeutung dieses Mannes; so wie ich!

Ich wäre Ihnen dankbar, wenn Sie mir umgehend mitteilen wollten, ob Sie meine Bitte erfüllen können. – Die Zeit ist knapp und ich soll Ihre Unterschrift eventuell weiterleiten.

Mit ganz besonderer Hochachtung empfehle ich als Ihr ganz ergebener
Arnold Schönberg

2. b) Einstein an Schönberg, 12. November 1930 (von Berlin nach Berlin)

Verehrter Herr Schönberg!
Ich muss zu meiner Schande gestehen, dass mir das Lebenswerk des Herrn Adolf Loos nicht näher bekannt ist, so dass ich weit davon entfernt bin, mir ein Urteil

bilden zu können. Es bleibt mir daher leider nichts übrig, als von der Beteiligung an dieser Initiative abzusehen, indem ich diese Persönlichkeiten überlasse, die über den Mann und sein Lebenswerk sich selber ein Urteil bilden können.

In ausgezeichneter Hochachtung

Ihr A. Einstein

3. a) Schönberg an Einstein, ohne Datum [1938] (von ungenanntem Ort nach Princeton, NJ)

Sehr geehrter Herr,

Sie sind, gewiss viel mehr, noch mit den Angelegenheiten unserer Schicksalsgenossen beschäftigt als ich. Trotzdem muss ich mich an Sie in einem ausserordentlichen Fall wenden.

Er betrifft meinen Jugendfreund Dr. Oscar Adler, einen ebenso unbekannten, wie bedeutenden Mann.

Für mich war er stets in erster Linie Musiker – ausgezeichneter Geiger, der von zahllosen ersten Wiener Musikern als vollwertiger Geiger geachtet wurde; brillanter Theoretiker; in Musik, als seiner Atmosphäre, lebend.

Seine «Profession»: Arzt. Es ist mir unbekannt, wie gut er darin ist und ob er dafür mehr Liebe hat, als aus den Zusammenhängen der Medizin mit höherer Wissenschaft resultiert.

Ich glaube, Sie würden ihn als Musiker bestimmt lieben, obwohl er von einer Hässlichkeit des Aussehens ist, die man nicht interessant nennen kann, wenn er nicht gerade Geige spielt oder vorträgt.

Er ist der Hauptsache nach Philosoph und er hat als solcher eine Reihe Bücher geschrieben über verschiedene Gegenstände: Aesthetik, Musiktheorie, etc., welche meines Wissens Manuskript geblieben sind. Veröffentlicht hat er bis jetzt drei Bände (der 4te ist im Erscheinen) eines siebenbändigen Werkes: «Einführung in die Astrologie als Geheimwissenschaft».

Er hat von jeher eine grosse Neigung für den Okkultismus gehabt, aber selbstverständlich nicht in einem bloss litterarischen oder sonstig amateurischen Sinn, sondern als das was er in Wahrheit ist: als Philosoph, als Wissenschaftler – was erwähnt werden muss, weil ja der Titel «... Geheimwissenschaft» leicht den umgekehrten Eindruck machen könnte.

Ich besitze die beiden ersten Bände seines Buches, habe sie aber, aufrichtig gestanden, nicht ganz zuende zu lesen vermocht. Für einen Menschen, der wie ich, nur vor dem Einschlafen eine halbe bis zwei Stunden lesen kann, ist das eine zu schwere Lekture – obwohl das Buch, wenn auch nicht populär, so doch ausserordentlich klar geschrieben ist. Ich bin also nicht imstande, Ihnen etwas über den Inhalt, über die Gedankengänge und noch weniger (abgesehen von meiner Incompetenz) über den wissenschaftlichen Wert des Werkes zu sagen. Ich kenne nur den Menschen in seiner Tiefe, Gründlichkeit, Originalität, Ehrlichkeit und Durchdrungenheit. Und ich kenne ein Buch von ihm über musikalische Theorien, das allein ausreicht, meine Eindrücke (und hier bin ich kompetent – mehr als auf meinem beruflichen Gebiet) zu bestätigen. Auf alle Fälle weiss ich dass das Buch einen wissenschaftlichen Wert – zumindest – dadurch haben muss, dass es eine Gesamtdarstellung in wissenschaftlicher Form gibt, die, wie Dr. Adler sagt, «seines Wissens noch nicht unternommen wurde». Es fasst also sicherlich Unbekanntes, Wenig-Bekanntes aus verschollenen Quellen zusammen mit Einigem-Neuen.

Aus einer Anspielung (anders kann man ja in Oesterreich nicht schreiben) glaube ich zu entnehmen, dass das Buch Ihnen zugesandt wurde. Und wenn Sie es daher angesehen haben, so ist ja wohl alles, was ich sage, gegenstandslos. Wenn aber nicht, so hoffe ich, dass es mir gelungen ist, Sie für diesen Mann zu interessieren.

Ich glaube, man könnte folgendes für ihn anstreben:

1. (wenn so etwas möglich ist) Einen Lehrstuhl für «Astrology» or «History of Astrology» or: «The scientific fundamentals of Astrology» oder aber (da ja das unwahrscheinlich ist, wohl auch mit besseren Titeln, als ich vorschlagen kann).

2. eine Anzahl «Lecture-series» an amerikanischen Universitäten.

Meines Erachtens müssten es nicht von vornherein sehr viele sein. Wenn man ihm «a foothold» für den Anfang verschaffen kann, so wird es weitergehen.

Ich möchte Sie nun fragen: wollen und können Sie etwas in dieser Sache tun? Es gibt drei Wege:

a) Ihre direkte Empfehlung an befreundete Anstalten;

b) eine Generalempfehlung;

c) dass Sie mir einen Rat geben, was ich tun kann, dem Sie womöglich Ihre Empfehlung beifügen.

Ich habe scheinbar seinerzeit nicht die Kraft besessen, Sie von der Bedeutung des grossen Adolf Loos zu überzeugen. Darf ich hoffen, dass ich diesmal glücklicher und überzeugender bin und verhindern kann, dass Grösse unbeachtet bleibt. Ich wäre sehr unglücklich, denn diesmal ist es ausserdem noch ein hilfloser Jude.

Ich bin mit vorzüglicher Hochachtung
Ihr ganz ergebener
Arnold Schönberg

3. b) Einstein an Schönberg, 28. August 1938 (von Nassau Point, Peconic, L.I.N.Y., nach Los Angeles, CA)

Sehr geehrter Herr Schönberg:
Frau Goldner, die Schwiegermutter von Eugen Ormandy, hat mir das Werk von Herrn Adler gesandt und ich habe in demselben mit grossem Interesse gelesen. Es ist sehr gut geschrieben und gewiss wertvoll für diejenigen, welche sich für den Gedankenkreis der Astrologie interessieren. Für mich ist es natürlich ganz unmöglich, mich für die in dem Werk vertretenen Ansichten einzusetzen, da ich diese für ganz abwegig halte. Ich glaube sogar, dass das Werk, gerade weil es so gut geschrieben ist, für unreife Geister eine wirkliche Gefahr bedeutet.

Nach meiner Meinung sollten Sie und Ihre Freunde versuchen, Herrn Adler ein Affidavit zu verschaffen und für ihn, wenn möglich als Musiker, eine materielle Existenz zu suchen. Es ist wohl möglich, dass er dann auf Grund des weitverbreiteten Interesses für Astrologie sich eine Existenz schaffen kann. Dazu kann aber nur ein «Gläubiger» mit gutem Gewissen beitragen. Falls Sie es für zweckmässig halten, bin ich gerne bereit, an eine von Ihnen zu bezeichnenden [sic] Stelle zu Gunsten Herrn Adlers zu schreiben, wenn ich mich dabei nicht indirekt für die Astrologie einsetzen muss.

Mit ausgezeichneter Hochachtung und freundlichen Grüssen,
Ihr A. Einstein

Albert Einstein und *Der Weg der Verheissung*

Nils Grosch

I. Albert Einstein und Kurt Weills Musik – ein unmögliches Thema[1]

Dass sich Albert Einstein in der Mitte der dreissiger Jahre für das musiktheatralische Bühnenstück *Der Weg der Verheissung* beziehungsweise für dessen amerikanische Adaption *The Eternal Road* einsetzte,[2] hängt weniger mit dem Thema «Einstein und die Musik» zusammen als vielmehr mit dem politischen und humanitären Engagement des Physikers. Für Kurt Weills Musik schien er sich dabei kaum zu interessieren, sondern wohl vor allem für die Tatsache der Dramatisierung der Bibel als solche, wie sie in *The Eternal Road* stattfindet. Weills Namen wird Einstein aus Berliner Zeiten allenfalls in schlechter Erinnerung gehabt haben. Damals soll er durch seine Stieftochter Margot zu einem Besuch der *Dreigroschenoper* von Bertolt Brecht und Weill überredet worden sein.[3] Dieses Werk, das mit den dramaturgischen Mitteln des musikalischen Unterhaltungstheaters spielt, war wahrhaftig nicht Einsteins ästhetisches Terrain: Mit einer musikalischen Sprache, die sich des Neoklassizismus, moderner Schlager- und Unterhaltungsmusik sowie Techniken der Verfremdung bediente, wurde die *Dreigroschenoper* geradezu als Provokation bourgeoiser Musik- und Theaterkultur aufgefasst. Auch taten die Autoren wenig gegen ihren daraus erwachsenden Ruf als ‹Enfants terribles›.[4] Einstein jedenfalls, ohnehin kein grosser Freund des Theaters, konnte mit all dem wenig anfangen.[5]

Mit Einstein teilte Weill die Erfahrungen einer eigentlich steilen, wenngleich aufgrund antisemitischer Angriffe (denen die Öffentlichkeit allenfalls wenig entschlossen entgegentrat) immer wieder behinderten und torpedierten Karriere eines Hochbegabten.[6] Dies mag sich Weill besonders tief eingeprägt haben, als er im Jahr 1930 in Augsburg in eine Massenveranstaltung der NSDAP geriet, wo Adolf Hitler über «fremde Einflüsse» gesprochen und in diesem Zusammenhang paradigmatisch drei Namen genannt haben soll: «Albert Einstein in der Forschung,

1 Mein herzlicher Dank gilt all jenen, die mir mit wichtigen Hinweisen geholfen und Einsicht in Quellen gegeben haben. Insbesondere danke ich Barbara Wolff vom Albert-Einstein-Archiv, Jerusalem, sowie Dave Stein und Elmar Juchem vom Weill-Lenya Research Center in der Kurt Weill Foundation, New York. Aus ihren Beständen zitiere ich mit freundlicher Genehmigung.

2 Vgl. David Drew: *Kurt Weill. A Handbook.* London: Faber, 1987, S. 280–282.

3 Jürgen Neffe: *Einstein. Eine Biographie.* Reinbek: Rowohlt, 2005, S. 335.

4 Siehe Kurt Weill: *Musik und musikalisches Theater. Gesammelte Schriften.* Hrsg. von Stephen Hinton und Jürgen Schebera unter Mitwirkung von Elmar Juchem. Mainz: Schott, 2000, S. 68–71.

5 Neffe: *Einstein* (wie Anm. 3), S. 335.

6 Kurt Weill: [Mit geistigen Mitteln ist nichts zu machen!]. In: Weill: *Musik und musikalisches Theater* (wie Anm. 4), S. 123–125.

Thomas Mann in der Literatur und Kurt Weill in der Musik.»[7] Die aus der Verfolgung resultierende Emigration in die USA teilten viele mit Einstein und Weill, das dortige dezidiert antifaschistische Engagement sowie das Einbringen der jeweiligen fachlichen Fähigkeiten viele weitere. Enger wird jedoch der Kreis derjenigen, denen der Aufbau einer erfolgreichen Karriere im neuen Heimatland, die der europäischen in nichts nachstand, glückte. Im Gegensatz zum weltberühmten Physiker aber, der Aufforderungen zur publikumswirksamen Unterstützung jüdischer Projekte gelegentlich nachkam, hielt sich Weill davon zumeist fern. Dennoch kreuzten sich ausgerechnet bei einer solchen Gelegenheit im Jahr 1935 für kurze Zeit ihre Wege, und dies trotz eines augenscheinlich grundverschiedenen Kunst- und Musikverständnisses. Der Anlass war eine nordamerikanische Theaterproduktion mit dem Titel *Der Weg der Verheissung.*

II. Der Weg der Verheissung[8]

Die Initiative für das ambitionierte Projekt ging von Meyer Wolf Weisgal aus, dem amerikanischen Zionisten und späteren Privatsekretär Chaim Weizmanns. Es sollte eine wirkungsvolle, gross dimensionierte Show werden, die anhand einer Dramatisierung des Alten Testaments auf die Verfolgungsgeschichte der Juden und damit zugleich auf die aktuelle Bedrohung in Deutschland aufmerksam machte. Begeistert von der Idee, den aus Hitler-Deutschland vertriebenen Regisseur für sein Projekt zu gewinnen, ging Weisgal zunächst auf Max Reinhardt zu, auf dessen Vorschlag hin schliesslich auch Franz Werfel als Buchautor und Weill als Komponist hinzugezogen wurden. Dieses Team kam 1934 und 1935 in Paris, Venedig und Salzburg zusammen, um gemeinsam ein Theaterprojekt voranzubringen, das zu einem der am grössten dimensionierten, ja überwältigendsten Ereignisse werden sollte, die bis dahin auf amerikanischen Bühnen realisiert wurden. Reinhardt und Weill waren zentrale Persönlichkeiten jener innovativen, lebendigen deutschsprachigen Theaterkultur gewesen, die bald nach Hitlers ‹Machtergreifung› auseinanderbrach, als sich die Hauptvertreter – sofern sie der mörderischen Ver-

7 Howard Taubman: Kurt Weill Finds Satisfaction in His Transformation Into A Composer of Successful Broadway Musicals. In: *New York Herald Tribune* vom 23. Januar 1948. Elmar Juchem von der Kurt Weill Foundation teilte mir mit, dass diese Rede Hitlers bisher nicht nachgewiesen werden konnte.

8 Die Entstehungsgeschichte des Werkes ist ausführlich dokumentiert; siehe Christian Kuhnt: *Kurt Weill und das Judentum.* Saarbrücken: Pfau, 2001; Guy Stern: Der Weg der Verheissung. Die Genese als via dolorosa. In: *Kurt Weill-Studien* (Veröffentlichungen der Kurt Weill-Gesellschaft Dessau 1). Hrsg. von Nils Grosch, Joachim Lucchesi und Jürgen Schebera. Stuttgart: Metzler, 1996, S. 119–131; Guy Stern: Die beschwerliche Genese des Wegs der Verheissung. In: *Literarische Kultur im Exil. Gesammelte Beiträge zur Exilforschung.* Dresden: University Press, 1998, S. 152–162; siehe auch Norbert Abels: Von den Mühen eines Bibelspiels. Franz Werfel und Kurt Weill: Der Weg der Verheissung. In: Guy Stern und Helmut Loos (Hrsg.): *Kurt Weill. Auf dem Weg zum ‹Weg der Verheissung›.* Freiburg im Breisgau: Rombach, 2000, S. 133–156.

folgung entkommen konnten – in alle Windrichtungen zerstreuten. Mit recht unterschiedlichen Vorstellungen gingen Weill, Werfel und Reinhardt das Stück an, so dass die Phase der Entstehung zu einer Zeit der Querelen und heftigen Konflikte wurde. Weill hatte ein musikdramatisches Werk vor Augen, Werfel wies hingegen den gesprochenen Passagen die Priorität zu. Die aufs Gigantische zielenden Vorstellungen Reinhardts und des von ihm hinzugezogenen Bühnenbildners Norman Bel Geddes wiederum verlagerten den Schwerpunkt der Arbeit (und der Finanzierung) auf ein Terrain, von dem aus das ganze Projekt immer wieder an die Grenzen des Möglichen geriet. Zu einer ersten tiefen Krise, die den *Weg der Verheissung* grundsätzlich in Frage stellte, kam es in der ersten Hälfte des Jahres 1935.

Als im Juli 1935 der Initiator und Produzent Weisgal zusammen mit Joseph Brainin, dem Werbechef der von ihm ins Leben gerufenen M.W.W. Productions, Albert Einstein in seinem Haus in Old Lyme aufsuchte, war die Situation des Stücks bereits prekärer, als es Weisgal gegenüber Einstein eingestand. In einem Brief, den er sogleich nach dem gemeinsamen Treffen an den Physiker schrieb, skizzierte Weisgal schliesslich, wie ablehnend sich die potentiellen Geldgeber und wichtigsten amerikanischen Zionisten dem Projekt gegenüber zeigten. Und dies zu einem Zeitpunkt, als Werfel und Weill weite Teile des Stücks fertiggestellt hatten und Reinhardt zur Inszenierung bereit war. In seinem Schreiben an Einstein bezeichnete Weisgal die jüdischen Eliten gar als «unsere Angstjuden und kleine[n] Philanthropen, unsere ‹mutige[n]› Fuehrer und laermenden Publicitätsucher [sic!]».[9] Aus dieser Aussage lässt sich nicht eindeutig erschliessen, ob etwa erstens ursprünglich wohlwollende Financiers abgesprungen waren oder zweitens Weisgal selbst noch gar nicht ernsthaft mit dem Einwerben der Produktionsmittel begonnen hatte. Jedenfalls war zu diesem Zeitpunkt bereits der grösste Teil des Textbuches und der Musik, diese allerdings erst in Klavierskizze, fertiggestellt; Vorschüsse an die drei Künstler hatte Weisgal offenbar bislang überwiegend aus eigener Tasche bezahlt. Drittens konnten in der Zwischenzeit auch Umstände eingetreten sein, die das ganze Projekt erheblich verteuerten. Während für die erste Möglichkeit in den Quellen keine Indizien greifbar sind, manches auf die zweite Hypothese schliessen lässt,[10] gibt es klare Hinweise für die dritte:

9 Brief Meyer Weisgals an Albert Einstein vom 1. August 1935, im Albert-Einstein-Archiv, Jerusalem [= AEA], Nr. 52-236/2.

10 In einem ersten Anlauf hatte Weisgal Weizmann kontaktiert. Der spätere Präsident Israels hatte ihm eine Liste mit Namen seiner Freunde gegeben, mit einigen der reichsten Juden Englands. Siehe hierzu Atay Citron: Art and Propaganda in the Original Production of ‹The Eternal Road›. In: Stern/Loos: *Kurt Weill* (wie Anm. 8), S. 203–218. Ob und wann Weisgal diese Personen erfolgreich um Beteiligung an seinem Theaterprojekt bat, ist nicht bekannt. Aus Weisgals eigenem Bericht lässt sich schliessen, dass er erst nach Bel Geddes' teurem Umbauplan entscheidend ins Fund-Raising eintrat. Siehe hierzu Meyer W. Weisgal: *... So far. An Autobiography.* Jerusalem: Weidenfeld and Nicolson, 1971, S. 126–128.

Der von Reinhardt ins Produktionsteam geholte österreichische Bühnenbildner Oskar Strnad war im Laufe der Vorarbeiten schwer erkrankt. Er hatte einen Bühnenplan mit einem Zelt entworfen, mit dem die ganze Produktion als mobiles ‹Pageant›, als propagandistisches Massenspektakel durch die Vereinigten Staaten hätte ziehen können.[11] Als Strnad aus der Produktion ausscheiden musste (er starb am 3. September 1935), entschied sich Reinhardt für den amerikanischen Architekten und Bühnenbildner Norman Bel Geddes als Nachfolger. Noch während Reinhardt im Laufe des Sommers 1935 in Salzburg weilte, dort auch mit Werfel und Weill an dem Stück arbeitete, trug Bel Geddes in New York, offenbar im Gespräch mit Weisgal und in gelegentlichem telegrafischem Kontakt mit Reinhardt, Strnads Pläne zu Grabe. Er forderte ein festes Haus. Zunächst war die Kingsbridge Armory in der Bronx, die Exerzierhallen der Armee, im Gespräch. Diese Idee ging vermutlich auf Weisgal zurück, dessen gigantisches ‹Pageant› *The Romance of a People,* gewissermassen das Vorgängerprojekt zur *Eternal Road*, ebendort mit grossem Erfolg seine New-York-Premiere erlebt hatte – ein Erfolg, durch den Weisgal stark für das neue Projekt ermutigt wurde.[12] Den Triumph des Massenspektakels hatte, als wohl berühmteste Persönlichkeit im Auditorium, schon am ersten Tag nach seiner Ankunft in den USA Albert Einstein miterlebt.[13]

Bevor Reinhardt erstmals ausführlich von Bel Geddes' Plänen in Kenntnis gesetzt wurde, war man in New York schon weiter vorangeschritten: Offenbar durch die Vermittlung Weisgals hatte man Einstein eingeschaltet, der in einem persönlichen Telefonat mit dem Gouverneur des Staates New York über die Möglichkeit einer Aufführung in der Kingsbridge Armory sprechen sollte:

> Weisgal machte jede Anstrengung, um von den obersten Behörden der Stadt, des Staates und der Regierung die Erlaubnis zu bekommen, in einer der ‹armories› in Manhattan zu spielen. Professor Einstein hat dem Gouverneur des Staates New York persönlich telefoniert. Es ist keine Notwendigkeit, auf die Details dieser Transaktion näher einzugehen, ausser, um ihnen das Resultat mitzuteilen: Man kann sie unter keinen Umständen für eine unbestimmte ununterbrochene Zeitdauer bekommen.[14]

11 Vgl. u.a. Atay Citron: *Pageantry and theatre in the service of Jewish nationalism in the United States 1933–1946.* Dissertation, New York University, 1989.

12 Vgl. ebenda, S. 14–17, sowie Citron: *Art and Propaganda in the Original Production of 'The Eternal Road'* (wie Anm. 10), S. 155.

13 Ebenda, S. 206 sowie Weisgal: *... So far* (wie Anm. 10), S. 15f.

14 Brief Norman Bel Geddes' an Max Reinhardt vom August 1935, in: Edda Fuhrich-Leisler und Gisela Prossnitz: *Max Reinhardt in Amerika.* Salzburg: Müller, 1976, S. 150–155.

Inzwischen dachte man in New York schon über alternative Aufführungsstätten nach, bei denen die Wahl letztlich auf das Manhattan Opera House fiel – vor allem, weil es sich für die halsbrecherischen Umbaupläne Bel Geddes' zu eignen schien.[15] Ohne Reinhardts Beisein hatte Weisgal dem Bühnenbildner bereits zu diesem Zeitpunkt die Finanzierung des Opernhauses in Aussicht gestellt. Zum weiteren Umbau sei an dieser Stelle nur so viel gesagt, dass er zum Unwillen fast aller Beteiligten immer weitergeführt wurde, die Gesamtkosten unendlich in die Höhe trieb und die Uraufführung mehrfach verzögerte.[16] Letztlich, nach zweimaliger Verschiebung des Premierentermins, liess sich das Problem nur durch die Entlassung von Bel Geddes lösen: «Wäre er dabei geblieben», so erklärte Weisgal später lakonisch, «dann hätte er die Bühne immer mehr verbessert und das Eröffnungsdatum immer weiter verschoben, bis wir beide altersschwach geworden wären.»[17]

Mögen also jene Fakten, die Bel Geddes bereits zu Beginn des Sommers 1935 geschaffen hatte, das plötzliche Aktivwerden Weisgals und – von diesem angestachelt – Einsteins hinreichend erklären, verschärfte sich der Konflikt um das Geld, als die prekäre finanzielle Situation dem noch überwiegend in Europa arbeitenden Produktionsteam bewusst wurde. Weisgal, der im August in Salzburg eintraf, musste Reinhardt, Werfel und Weill eröffnen, dass «weniger Geld u. ein kleineres Haus vorhanden sind, als wir dachten», wie Weill am 26. August Lotte Lenya mitteilte.[18] Offensichtlich bedeuteten die neuen Anforderungen an die Bühne Einbussen in einem noch nicht einmal richtig durchkalkulierten und auch bis dahin keineswegs eingeworbenen Gesamtbudget, die so weit gingen, dass Reinhardt ganz aussteigen wollte.[19] Weill berichtete:

> Max macht Opposition, weil er faul ist und offenbar zu wenig Geld sieht (sein Respekt vor Geld kotzt mich schon lange an). Er versucht uns auch zu überreden, die Sache nicht zu machen. Mich sucht er zu ködern mit einem Stück

15 Vgl. ebenda, S. 154.

16 Zum kostspieligen Umbau des Hauses vgl. Kuhnt: *Kurt Weill und das Judentum* (wie Anm. 8), S. 70–71, 74–75; Stern: *Der Weg der Verheissung* (wie Anm. 8), S. 128–130; Citron: *Art and Propaganda in the Original Production of 'The Eternal Road'* (wie Anm. 10), S. 214f. Obwohl Weill sich selbst damit abgefunden zu haben scheint, dass aufgrund der Umbauarbeiten auf Bel Geddes' Vorschlag hin das Orchester als Playback reproduziert werden sollte (siehe Kuhnt: *Kurt Weill und das Judentum* [wie Anm. 8], S. 89–93), war auch er «konsterniert angesichts des nun einsetzenden Gigantismus Bel Geddes'» (Stern: *Der Weg der Verheissung* [wie Anm. 8], S. 129).

17 Weisgal: ... *So far* (wie Anm. 10), S. 133; deutsch zitiert nach Kuhnt: *Kurt Weill und das Judentum* (wie Anm. 8), S. 75.

18 Kurt Weill und Lotte Lenya: *«Sprich leise, wenn du Liebe sagst». Der Briefwechsel Kurt Weill–Lotte Lenya.* Hrsg. von Lys Symonette und Kim H. Kowalke. Köln: Kiepenheuer & Witsch, 1998, S. 193.

19 Der spätere Bericht des neuen Bühnenbildners Harry Horner bestätigt Reinhardts Ausstiegsplan. Siehe Stern: *Der Weg der Verheissung* (wie Anm. 8), S. 122f.

> für das Josephstädter Theater, mit Film usw., aber ich durchschaue, was er spielt, u. bin von diesem müden Schlossherrn reichlich angewidert.[20]

In diesem schwierigen Stadium befand sich das Projekt, als Weisgal in einer grossen Kraftanstrengung einen weiteren Vorstoss startete, neue Geldquellen aufzutun. Wie Guy Stern den Lebenserinnerungen Horners und Weisgals entnahm, wurden die andauernden finanziellen Krisen verursacht durch das «unheilvolle Zusammenwirken zweier gigantomanischer Genies, Max Reinhardt und Norman Bel Geddes», von denen vor allem der letztere «kompromisslos ein einmal gefasstes Konzept» verteidigt habe.[21]

III. Fund-Raising für die Produktion von The Eternal Road

Bereits im März 1935 hatte sich Einstein intensiv mit Werfels Librettoentwurf befasst, den er von Weisgal erhalten hatte. Abgesehen von zwei konstruktiv-kritischen Anmerkungen, die Werfel, an den Weisgal diese Vorschläge sogleich weiterleitete, mit Rührung entgegennahm, äusserte Einstein seine «Bewunderung» für Werfels Buch.[22] Auch versprach Einstein, unmittelbar nachdem ihn Weisgal von der prekären Finanzsituation in Kenntnis gesetzt hatte, seine Unterstützung. Entsprechend nutzte er einen alsbaldigen Aufenthalt in New York City zu ersten Gesprächen mit potentiellen Geldgebern. Diese verwiesen zunächst darauf, dass das ganze Projekt in die Hände eines renommierten Theaterunternehmens gehöre, um das Vertrauen der Financiers zu gewinnen.[23] Vermutlich als Konsequenz daraus übergab Weisgal die weitere Planung dem erfahrenen Produzenten Crosby Gaige.[24]

Die überlieferte Korrespondenz im Albert-Einstein-Archiv dokumentiert allenfalls Bruchstücke jener offensichtlich regen Aktivität des Physikers. Diese zielte den Quellen zufolge in dreierlei Richtungen:

1. Zunächst schaltete Einstein seinen Kollegen und Vorgesetzten in Princeton, den renommierten Erziehungswissenschaftler Abraham Flexner und dessen Frau, die Schriftstellerin und Dramatikerin Anne Crawford Flexner, ein. Letztere erklärte sich zu einem Treffen mit Reinhardt bereit, um die Produktion mit ihm zu diskutieren.[25] Einstein hatte Flexner schon 1921 bei seinem ersten USA-Besuch kennengelernt. 1932/33 hatte Flexner – in freundschaftlichem Kontakt mit Ein-

20 Weill/Lenya: *«Sprich leise, wenn du Liebe sagst»* (wie Anm. 18), S. 193f.

21 Stern: *Der Weg der Verheissung* (wie Anm. 8), S. 128.

22 Brief Albert Einsteins an Meyer W. Weisgal vom 20. März 1935, im AEA, Nr. 34-299. Einsteins Kritikpunkte bezeugen, wie genau er sich mit Werfels Buch auseinandergesetzt hat.

23 Brief Albert Einsteins an Meyer W. Weisgal vom 3. August 1935, im AEA, Nr. 34-237.

24 Weisgal: … *So far* (wie Anm. 10), S. 131f.

25 Vgl. Brief Albert Einsteins an Meyer W. Weisgal, undatiert, im AEA, Nr. 52-242.

stein stehend – das Institute for Advanced Studies an der Universität Princeton ins Leben gerufen; dort war eine Professur für Einstein vorgesehen, die dieser dann bekanntlich antrat. Hatte Flexner somit einen wesentlichen Anteil an Einsteins Emigration in die USA gehabt, so sollte er sich dennoch bisweilen als problematischer Vorgesetzter entpuppen.[26] Mit seinen Verbindungen zu wohlhabenden jüdischen Geschäftsleuten in den USA sowie zur Rockefeller-Foundation erwies er sich jedoch als wichtiger Ansprechpartner für Einstein, der Weisgal bei seiner Mittelsuche für die *Eternal Road*-Produktion zu unterstützen suchte.

2. Möglicherweise hat Einstein seine Beziehungen bis hin zu dem einflussreichen jüdischen Grossindustriellen Felix Warburg spielen lassen. Warburg hatte bei Einsteins erstem USA-Besuch im Jahre 1921 dessen Empfang und Betreuung übernommen und den berühmten Physiker so persönlich kennengelernt. Direkt oder indirekt ist auch Warburgs Name mit der Produktion von *The Eternal Road* verbunden. Eine in diesem Zusammenhang an Einstein gesandte Kopie eines eher ablehnend zu wertenden Briefes aus der Feder Warburgs lässt eine problematische Seite des Projektes erahnen.

> I thank you for your letter of November 5th in regard to the Reinhardt production, as you say "to glorify the Jewish people".
> Unfortunately, at this moment, efforts to do the opposite are so strong that a self-glorification is not apt to strike the right note, for if some of us talk to the Jewish people as the "Chosen People" it is apt to bring forth smiles, because those people seem to be chosen just now for humiliation and ridicule. I know that the intentions are the best and I am quite sure that if Mr. Reinhardt produces this composition it will be done beautifully, but I feel at this moment, when I am spending very large amounts to find new places for the people who have to leave Germany, I had better concentrate on relief rather than on this artistic venture.[27]

Dieser Fingerzeig erscheint im nachhinein mehr als berechtigt: In der Tat ermöglichte der amerikanische Grossbankier gemeinsam mit seinem Bruder Max etwa 50 000 Juden die Emigration aus Deutschland.[28] Trotz seiner Skepsis unterstützte Warburg letztlich das Projekt, da allein schon sein Name helfen sollte, Weisgal die Türen bei anderen Financiers zu öffnen.[29] Als im Folgejahr eine erneute Fund-

26 Albrecht Fölsing: *Albert Einstein. Eine Biographie.* Frankfurt am Main: Suhrkamp, 1995, S. 764–767, 729, 737.

27 Brief Felix Warburgs an Maurice Levin vom 8. November 1935, im AEA, Nr. 52-239 [Kopie].

28 Vgl. hierzu Hans-Dieter Jünger: Die Warburgs, das Geld und der Geist. Schlaglichter eines deutsch-jüdischen Familienschicksals. In: *Frankfurter Rundschau* vom 17. Februar 2001.

29 Weisgal: *... So far* (wie Anm. 10), S. 127.

Raising-Tour Weisgals notwendig wurde (nachdem – wiederum unter der Verantwortung Bel Geddes' – Sprengarbeiten am Boden des Manhattan Opera House eine Rohrleitung beschädigt hatten und das Theater unter Wasser stand), übernahm Warburg schliesslich die Schirmherrschaft für das Projekt.[30]

3. Bei zwei grossen, zu Werbezwecken für Reinhardt und *The Eternal Road* abgehaltenen Empfängen in New York, bei denen auch das gesamte Produktionsteam anwesend war, trat Einstein als Redner auf und sprach emphatische Worte, die am 8. Oktober 1935 im Rundfunk übertragen wurden.[31] Einen Monat später zu einem weiteren grossen Essen eingeladen, erklärte Einstein, der seine Aufgabe offensichtlich inzwischen als erledigt ansah, in einem Brief an Flexner: «Ich waere sehr froh, wenn Sie das Dinner fuer mich freundlich absagten. […] das Geld fuer diese gute Sache ist ja schon hergegeben».[32]

IV. Von der Wirkung einer «Bibelrevue» und den Folgen für ihre Autoren[33]

Bleibt die Frage, was Einstein, der weder ein grosser Theatergänger noch an neuer Musik oder gar an Weills ‹epischem Theater› interessiert war, zu diesem intensiven Einsatz für die gigantische Produktion hatte bewegen können. Zweifelsohne stand das Engagement Weisgals dahinter, der das Gewicht von Einsteins Wort sowohl bei potentiellen jüdischen Geldgebern als auch in der breiten Öffentlichkeit richtig einzuschätzen wusste.[34] Doch wie stellte sich Einstein inhaltlich zu der Produktion als Ganzem, ihrem künstlerischen, religiösen und politischen Gehalt? Seine Position und die diesbezüglichen Äusserungen beruhen im wesentlichen auf zwei Aspekten, die zu verfolgen lohnenswert erscheint.

1. Fiedler weist zu Recht darauf hin, dass sich Einstein ebenso wie Weisgal als Zionist verstand. Bereits 1919 war er mit der zionistischen Bewegung in Kontakt gekommen, als ihn deren Anhänger auf der Suche nach prominenten Juden aufgesucht hatten. Bei dieser Gelegenheit hatte Einstein erklärt: «Ich bin gegen den Nationalismus, aber für die zionistische Sache.»[35] Die Verbindung zu zionistischen Organisationen intensivierte sich nach Einsteins Emigration in die USA, wo sich

30 Gemeinsam mit Warburg übernahmen auch der Dirigent Walter Damrosch und der Diplomat Henry Morgentau die Schirmherrschaft. Vgl. Kuhnt: *Kurt Weill und das Judentum* (wie Anm. 8), S. 75.

31 Zum Empfang und zu den Ansprachen von Einstein und Reinhardt siehe Leonhard M. Fiedler: «The Eternal Road». Max Reinhardts Weg. In: Stern/Loos: *Kurt Weill* (wie Anm. 8), S. 157–174, 169–174; sowie Stern: *Der Weg der Verheissung* (wie Anm. 8), S. 126–128.

32 Brief Albert Einsteins an Abraham Flexner, im AEA, Nr. 38-82.

33 Max Reinhardt, zitiert nach Kuhnt: *Kurt Weill und das Judentum* (wie Anm. 8), S. 65.

34 Zu Einsteins Berühmtheit siehe u.a. Marshall Missner: Why Einstein Became Famous in America. In: *Social Studies of Science* 15 (1985), H. 2, S. 267–291.

35 Zitiert nach Fölsing: *Albert Einstein* (wie Anm. 26), S. 467f.

vor allem jüdische Institutionen und Einzelpersonen um den berühmten Physiker bemühten. Allen voran erbat sich der bedeutende Wortführer (und spätere erste Präsident Israels) Chaim Weizmann erfolgreich Einsteins Hilfe, etwa bei der Gründung der Hebräischen Universität in Jerusalem, zu der Einstein indes ein ambivalentes Verhältnis behalten sollte.

Hinter Einsteins gemässigten, bisweilen zögerlichen zionistischen Bekundungen steht indes keine religiöse Bindung an das Judentum. Vielmehr fühlte er sich, zumal seit seiner Berufung nach Berlin 1914, zum Judentum als einer Gruppe hingezogen, die er immer wieder mit dem in diesem Zusammenhang «ungewöhnlich klingenden» Wort «Stammesgenossen» (wohl in Vermeidung von Begriffen wie ‹Glaubensbrüder›) bezeichnete.[36] Gerade die Distanzierung von jenen «Stammesgenossen», denen es um eine bestmögliche Assimilation zu tun war und denen Einstein «Mangel an Stolz, Selbstbewusstsein und Solidarität» vorwarf, hatte ihn zu einer intensiven Auseinandersetzung mit dem Judentum provoziert; dieses jüdische Verständnis war letztlich ausschlaggebend für sein Bekenntnis zum Zionismus, wie Albrecht Fölsing überzeugend nachgezeichnet hat.[37]

Doch war *Der Weg der Verheissung* ein zionistisches Werk? Zweifelsohne sollte es das werden, als Weisgal es als politisches Propagandastück, als ‹Pageant› konzipierte.[38] Doch Weisgals eigene Entscheidung, dieses ‹Pageant› – im Gegensatz zu dem ‹Vorgängerstück› *The Romance of a People*[39] – in die Hände erstklassiger Theaterschaffender zu legen und zu einer rein professionellen Produktion (ohne Laien) werden zu lassen, seine Bereitschaft also, es Künstlern wie Reinhardt, Werfel und Weill zu übergeben, implizierte schon Abstriche an dieser propagandistischen Grundkonzeption. Zwar mag man diesen Schritt, wie es Atay Citron mit berechtigtem Zynismus gesagt hat, als taktischen Fehler werten, da Weisgals «relativ schwache Position gegenüber Reinhardt, Werfel und Weill keine wirkliche Kontrolle über die Aussage des Stücks mehr erlaubte».[40] Andererseits muss ihm klar gewesen sein, dass Reinhardt, der «katholische Meisterwerke» wie *Jedermann* und *Das Mirakel* auf die Bühne gebracht hatte und sich in künstlerischer Hinsicht durchaus nicht als Jude identifizierte, für propagandistische Arbeit nur schwer zu haben sein würde.[41] Entsprechend wirkte *Der Weg der Verheissung* bei seiner Pre-

36 Ebenda, S. 565.

37 Ebenda.

38 Zum Begriff ‹Pageant› siehe u.a. Kuhnt: *Kurt Weill und das Judentum* (wie Anm. 8), S. 64.

39 Vgl. hierzu Citron: *Art and Propaganda in the Original Production of 'The Eternal Road'* (wie Anm. 10) sowie David Garfield: The Romance of a People. In: *Educational Theatre Journal* 24 (1972), H. 4, S. 436–442.

40 Citron: *Art and Propaganda in the Original Production of 'The Eternal Road'* (wie Anm. 10), S. 213.

41 «Es handelt sich nicht um Propaganda», schrieb Reinhardt über den *Weg der Verheissung*. «Propaganda hat noch nie ein Kunstwerk hervorgebracht, und es gibt keine bessere Propaganda, als sie ein reines Kunstwerk erzeugen kann.» Zitiert nach Kuhnt: *Kurt Weill und das Judentum* (wie Anm. 8), S. 65. Kuhnt bemerkt dazu: «Diese Haltung stand im krassen Widerspruch zu Weisgals Auffassung» (ebenda).

miere auch nicht als Propagandastück, wie die Besprechung von Brook Atkinson verdeutlicht.

> Als dieses Werk geplant wurde, lag ihm fraglos eine politische und propagandistische Idee zugrunde. Im Laufe der Gestaltung ist jedoch diese Schlacke vollkommen verloren gegangen und was man schliesslich zu sehen bekam, hatte keine Spur mehr von derartigem, war nur noch ein wundervolles Zusammenspiel aller reinsten und edelsten, künstlerischen wie menschlichen Kräfte des Theaters.[42]

Diese Umdeutung des ursprünglichen Konzepts dürfte Einstein durchaus entgegengekommen sein. Schliesslich erklärte er in seiner Ansprache beim Empfang vom Oktober 1935, an der aktuellen Arbeit von Reinhardt habe ihn besonders gefreut, «dass er die Bibel zum Gegenstand seiner Darstellung macht. Denn dieses grosse Werk ist nicht nur eine der beiden Hauptsäulen unserer Kultur, es ist die Basis unseres ganzen moralischen Lebens, und eines grossen Teils der Kunst in den letzten tausend Jahren.»[43] Offenbar bemühte sich Einstein darum – zumal in der medialen Öffentlichkeit des Rundfunks –, den jüdischen Aspekt nicht zu betonen, indem er die Bibel zwar thematisierte, diese jedoch als kulturelles und moralisches, nicht aber als religiöses Fundament einstufte. Dies mag man mit der Intention einer auf Werbewirksamkeit angelegten Rede erklären, in der viel mehr eine amerikanische als eine jüdische Gemeinschaft angesprochen wurde.[44] Und hier gewinnt die künstlerische Aufarbeitung der Bibel für Einstein, folgen wir seiner Rundfunkansprache, erst ihre konkrete aktuelle, ja politische Relevanz.

> Die Bedeutung aber einer künstlerischen Vorführung der Bibel, im Licht der modernen künstlerischen Auffassung, liegt darin, dass die Basis unseres gesellschaftlichen Lebens, das in der Bibel verkörpert ist, durch die Bedrohung der politischen Verhältnisse unserer Zeit ein ganz besonderes tiefes Interesse bekommen hat. Und ich glaube, dass es ein grosses Werk ist, das damit getan ist, um das Bewusstsein dieser, der herrlichen Bibel in uns zu vertiefen. Möge dieses gelingen und mögen alle diejenigen, die wirkliche Freunde unserer Kultur sind, in dieser Bestrebung zusammenwirken.[45]

42 Zitiert nach Fiedler: «*The Eternal Road*» (wie Anm. 31), S. 171.

43 Einsteins Rundfunkansprache vom 8. Oktober 1935, zitiert nach Fiedler: «*The Eternal Road*» (wie Anm. 31), S. 169–170.

44 In der Tat war die Werbestrategie für *The Eternal Road* bewusst zweigleisig angelegt, um sowohl jüdische als auch nichtjüdische Gruppen anzusprechen, vgl. Kuhnt: *Kurt Weill und das Judentum* (wie Anm. 8), S. 72f.

45 Einsteins Rundfunkansprache vom 8. Oktober 1935, zitiert nach Fiedler: «*The Eternal Road*» (wie Anm. 31), S. 169f.

In der Tat interpretierte Einstein den *Weg der Verheissung* implizit als politisch-aufklärerische Manifestation gegen die Bedrohung durch den Nationalsozialismus, wobei der Physiker seine Argumente auf die kulturellen und moralischen Werte der Bibel stützte.[46] Mit dieser Auslegung, die weniger auf eine religiöse als vielmehr auf eine kulturelle und moralische Aussage zielte, gelangte das Stück zu jener vor allem durch humanitär-demokratische, egalitäre Haltung und aktivierenden Respekt vor dem Intellekt gekennzeichneten Prämierung des Judentums, wie sie Einstein selbst in jener Zeit formulierte. Eine Auffassung, die deutlich macht, wie stark sich Einsteins Vorstellung des Zionismus von derjenigen Weisgals unterschied.[47]

2. Einstein begann seine Ansprache mit der Freude darüber, «dass einer von den vorzüglichsten Menschen, die ich drüben kennengelernt habe, in diesem Lande seine Tätigkeit entfalten wird» – gemeint war Max Reinhardt.[48] Citron bemerkte über Reinhardts Mitarbeit an dem Projekt:

> When he finally accepted Weisgal's proposition, it was not so much for his sympathy for the cause, but rather for personal interests: after lengthy hesitation, he was convinced, by his advisors that with the New York spectacle, he might launch a new broadway career.[49]

Reinhardt dürfte nicht der einzige der europäischen Künstler im Produktionsteam gewesen sein, dessen Bereitschaft zur Mitarbeit zumindest mitgetragen war von der Hoffnung auf einen beruflichen Neubeginn am Broadway – einen Neubeginn, der umgekehrt auch für die amerikanische Theaterkultur eine Chance hätte bedeuten können. Dieser Aspekt wird für Einstein, der ebenfalls gerade erst in den USA eine neue Heimat gefunden hatte, zweifelsohne bedeutsam gewesen sein. An Reinhardt schrieb er emphatisch:

> Nun sind unsere, der Unersättlichen Blicke mit verdoppelter Spannung auf Dein Schaffen gerichtet. Denn gemeinsames tragisches Erleben steht im Hintergrunde Deines Neuen Werkes. Du hast unseren Werfel dazu angeregt, jenen Legendenschatz unserer feinen biblischen Vergangenheit zu neuem künstlerischen Leben zu erwecken, in dem sich das Fühlen und Leiden unseres Volkes am reinsten äussert. [...] Mögen Dir dankbare und verständnisvolle Menschen

46 Vgl. ebenda, S. 170.

47 Albert Einstein: Warum hasst man die Juden? In: Albert Einstein: *Aus meinen späten Jahren*. Stuttgart: Deutsche Verlags-Anstalt, 1952, S. 247–256.

48 Ebenda.

49 Citron: *Art and Propaganda in the Original Production of 'The Eternal Road'* (wie Anm. 10), S. 208.

> Gelegenheit geben, dies Werk in seiner ganzen Tiefe und Schlichtheit vor Augen und Ohren zu führen, dass wir es ganz erfassen. Es soll davon ein Licht ausgehen, dass diese verdüsterte Welt auch heute erkenne, was wahrhaft gross und menschlich ist und die Verirrungen einer ärmlichen Zeit überstrahlt und überdauert.[50]

Somit wird *Der Weg der Verheissung* in Einsteins Interpretation zu einer bewusst inszenierten Manifestation jüdischer Flüchtlinge am Broadway, deren Adressat indes die amerikanische Öffentlichkeit sein sollte. Aus diesem Grund zielte er hauptsächlich auf die «Rahmenhandlung», denn diese war, wie er erkannte, «sehr fein verwoben mit dem biblischen Stoff und schafft lebendige Verbindung mit der düsteren Gegenwart»:[51] Dabei handelte es sich um die Geschichte der aktuellen Bedrohung und gewaltsamen Vertreibung einer jüdischen Gemeinde! Die Künstler, die hier ein Massenpublikum mit einem bemerkenswerten Ausrufezeichen, zurückgreifend auf den für Christen und Juden gleichermassen moralisch verbindlichen Text, auf die Situation ihres Volkes hinweisen, waren selbst direkt betroffen. So erscheint *Der Weg der Verheissung* in Einsteins Interpretation zugleich als Monument sowohl des historischen als auch des aktuellen jüdischen Exodus, worin das Schicksal des Produktionsteams, die Zeitgeschichte und der dramatische Gehalt in augenfälliger Weise miteinander verzahnt sind. Und indem Einstein bei der Finanzierung half, trug er nicht nur zum Gelingen des Theaterprojekts bei, sondern auch dazu, den vertriebenen europäischen Autoren den Weg ins Exil zu erleichtern.

V. Nachwort: Einstein, Weill, Musiktheater und politische Wirkung

Nur einer der Emigranten im Produktionsteam von *The Eternal Road* wusste diese Chance für sich zu nutzen. Als ein Wasserschaden im Rahmen der Umbauten des Manhattan Opera House Anfang 1936 ein Finanzloch von 200 000 Dollar in Weisgals Kasse riss, «glaubte niemand mehr an eine baldige Uraufführung»:[52] Werfel reiste sogleich enttäuscht nach Europa zurück, und Reinhardt kehrte dem *Weg der Verheissung* den Rücken, um sich statt dessen Theaterproduktionen in Europa und Filmprojekten in Hollywood zu widmen.[53] Einzig Weill hatte unterdessen die Ge-

50 Zitiert nach Fiedler: «*The Eternal Road*» (wie Anm. 31), S. 160. Aus Fiedlers Angabe geht nicht hervor, ob es sich um den Originaltext oder eine (Rück-?)Übersetzung aus dem Englischen handelt – letzteres würde das von Einstein äusserst selten gebrauchte «Du» erklären.

51 Brief Albert Einsteins an Meyer W. Weisgal vom 20. März 1935, im AEA, Nr. 34-295.

52 Kuhnt: *Kurt Weill und das Judentum* (wie Anm. 8), S. 74.

53 Ebenda.

legenheit beim Schopf gepackt und auf eigene Faust Kontakte zu Theaterleuten geknüpft. Mit dem engagierten ‹Group Theatre› und dem amerikanischen Bühnenautor Paul Green setzte er einen alten Traum, ein Musical nach dem Hašekschen *Švejk*-Stoff, um. Schon in seiner Berliner Zeit hatte er, vorübergehend zusammen mit Bertolt Brecht, eine Oper über die tschechische Romanfigur geplant. Es ging ihm darum, «an einer einzelnen humoristischen Figur den phantastischen Irrtum des Krieges aufzuzeigen».[54] Eine pazifistische Haltung nahm dann auch sein (beziehungsweise Greens) ‹amerikanischer Švejk›, die Titelfigur Johnny Johnson, ein. Weill, der wohl davon ausging, mit einer solchen Aussage bei dem erklärten Pazifisten Einstein offene Türen einzurennen, und ausserdem für seine erste Broadway-Show Prominenz sicher gut gebrauchen konnte, lud den Physiker vermutlich zur Premiere von *Johnny Johnson* am 19. November 1936 ins 44th Street Theatre ein. Darauf lässt zumindest ein knappes Telegramm Einsteins schliessen, in dem er drei Tage vor der Vorstellung Weill «wegen schwerer Krankheit meiner Frau» absagen musste.[55]

Der Broadway-Durchbruch, der für Weill einstweilen weder mit *Johnny Johnson* noch mit der bald darauf – nach erneuten Sammelaktionen des unermüdlichen Weisgal – am 7. Januar 1937 im Manhattan Opera House uraufgeführten *The Eternal Road* erreichbar schien, kam erst 1938 mit *Knickerbocker Holiday.* Wieder handelte es sich um ein politisches Stück; im Mittelpunkt stand die «Kritik an der aktuellen demokratischen Regierung der USA, einhergehend mit der Meinung, die Befugnisse des Staates zu minimieren und stets zu kontrollieren»[56] – erneut eine Aussage, bei der sich Weill eigentlich Einsteins Zustimmung sicher hätte sein dürfen. Dies gilt um so mehr für eine Benefizaufführung des Stücks für Flüchtlinge aus Deutschland, die Weill offenbar «zum Anlass genommen hatte, sich erneut bei Einstein zu melden, diesen auf die politische Komponente seiner Arbeit hinzuweisen und ihn nach New York zu einer Aufführung einzuladen».[57] «Sie können sich denken, dass mich Ihr Stück brennend interessiert, sowohl künstlerisch als auch mit Rücksicht auf die politische Wirksamkeit», erklärte Einstein in seiner Antwort an Weill, die wiederum eine Absage, diesmal aufgrund beruflicher Überlastung, enthielt. Er versäumte es aber nicht hinzuzufügen: «Ich hoffe, das Stück bei einem

54 Vgl. Nils Grosch: «An einer einzelnen humoristischen Figur den phantastischen Irrtum des Krieges aufzuzeigen». Weill, Eisler und die Musik für ‹Schweyk›. In: *Cahiers de l'ILCEA* (Institut de Langues et des Cultures de l'Europe et de l'Amérique) [Sondernummer:] *De Hašek à Brecht. Fortune littéraire de la figure de Chvéïk.* Hrsg. von Marie-Odile Thirouin. Grenoble (Druck in Vorbereitung).

55 Siehe Telegramm Albert Einsteins an Kurt Weill vom 16. November 1936, im Nachlass von Kurt Weill, Yale Music Library Box 48, folder 30. Elsa Einstein starb am 20. Dezember 1936.

56 Elmar Juchem: *Kurt Weill und Maxwell Anderson. Neue Wege am Broadway* (Veröffentlichungen der Kurt Weill-Gesellschaft Dessau 4). Stuttgart: Metzler & Poeschel, 2000, S. 114.

57 Ebenda.

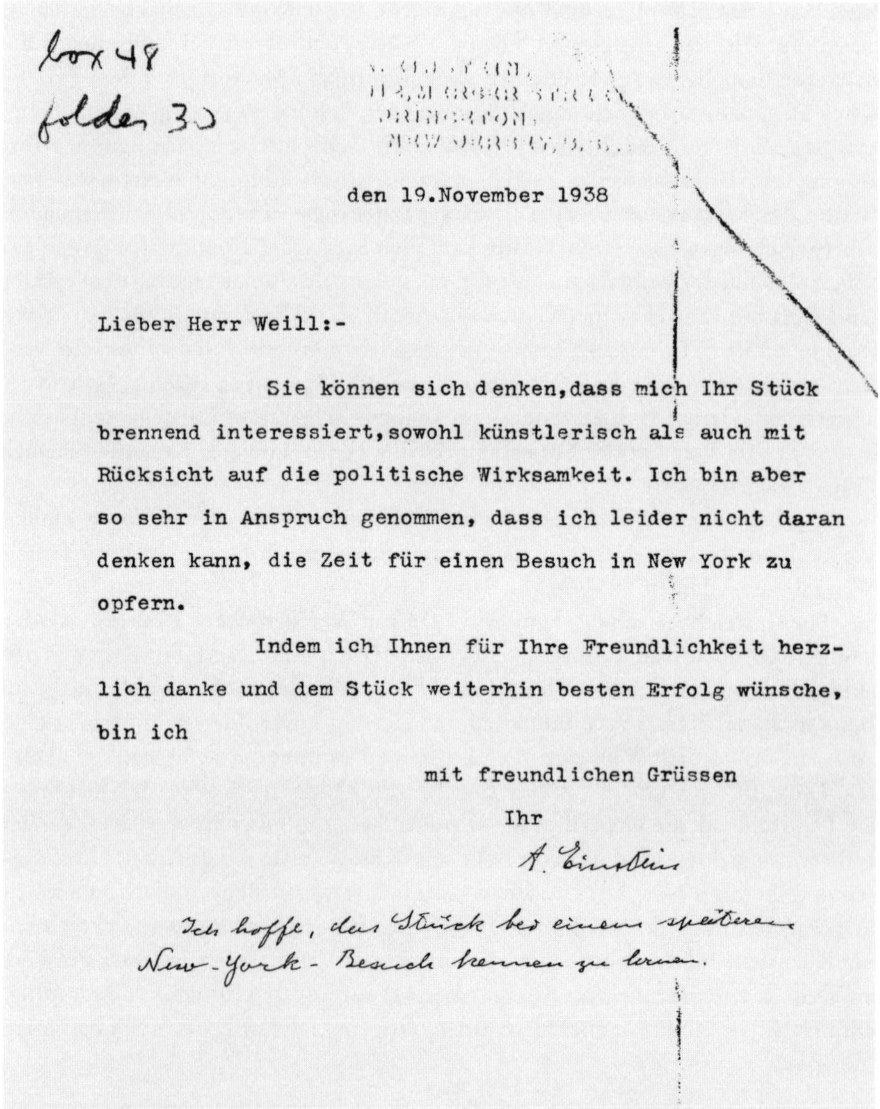

box 48
folder 30

den 19.November 1938

Lieber Herr Weill:-

Sie können sich denken,dass mich Ihr Stück brennend interessiert,sowohl künstlerisch als auch mit Rücksicht auf die politische Wirksamkeit. Ich bin aber so sehr in Anspruch genommen, dass ich leider nicht daran denken kann, die Zeit für einen Besuch in New York zu opfern.

Indem ich Ihnen für Ihre Freundlichkeit herzlich danke und dem Stück weiterhin besten Erfolg wünsche, bin ich

mit freundlichen Grüssen

Ihr

A. Einstein

Ich hoffe, das Stück bei einem späteren New-York-Besuch kennen zu lernen.

Abbildung 5: Brief Albert Einsteins an Kurt Weill vom 19. November 1938 aus Princeton (mit freundlicher Genehmigung des Albert-Einstein-Archivs der Hebräischen Universität Jerusalem und der Yale University Library).

späteren New-York-Besuch kennen zu lernen» (siehe Abbildung 5).[58] Ob Einstein überhaupt je einen der drei Broadway-Erstlinge Weills auf der Bühne gesehen hat, ist nicht bekannt; es ist nicht einmal sicher, ob er eine Aufführung jenes Werkes besuchte, das er selbst mit aus der Taufe gehoben hatte. Aber offenbar war es diese Form einer neuen Rezeptionsästhetik und einer wirkungsvollen, mit musikalischen Mitteln geformten politischen Aussage, die Einstein, zumindest im Exil, nun doch auf modernes Musiktheater aufmerksam machte, auch wenn sie ihn möglicherweise nicht so sehr interessierte, um ihn ins Theater zu locken.

58 Brief Albert Einsteins an Kurt Weill vom 19. November 1938 aus Princeton, Kopie im WLRC, Yale Music Library Box 48, folder 30 und im AEA.

Der vorgebliche Verwandte

Alfred Einstein und der Zusammenhang von Musik und Wissenschaft

Anselm Gerhard

> Lieber Herr Einstein, Sie weisser Rabe,
> nicht nur unter meinen Namensvettern
> sondern auch unter den Tintenscheissern!
> wie freu ich mich, dass ich Sie kennen gelernt
> und in der Nähe habe. Dank für den lieben Brief.[1]

So schreibt der Nobelpreisträger Albert Einstein am 22. März 1929 an einen Namensvetter in der Nachbarschaft. Alfred Einstein wohnt im Berliner Stadtteil Schöneberg an der Heilbronner Strasse 6, Albert von 1918 bis 1933 nicht einmal 400 Meter entfernt im selben Bayerischen Viertel an der Haberlandstrasse 5 – ein Umstand, der den oft kolportierten und auch von Alfreds Tochter bestätigten Umstand nachvollziehen lässt, dass die Post wiederholt Briefe dem falschen Dr. A. Einstein zustellte.[2]

Alfred Einstein – später in einem einzigen Brief vom 2. Mai 1936 von Albert als «Lieber Vetter» angeredet[3] – ist als solcher in die wissenschaftliche Literatur eingegangen, und damit nicht genug: Auf einer Internetseite der Universität Ferrara firmiert «Alfred Einstein» sogar als «Fratello di Albert Einstein, eminente musicologo».[4] Dabei handelte es sich bei dieser vorgeblichen Verwandtschaft nur um einen Vorwand. Albert, der vielen verzweifelten Emigranten half, wählte diese Anrede in einem Brief von 1936, der Alfred die Flucht aus «Mussolinien» in die USA erleichtern sollte und den man im Sinne des 19. Jahrhunderts als ‹lettre ostensible› bezeichnen muss, als Brief also, der nicht primär für den Adressaten bestimmt ist, sondern dafür, von diesem einem Dritten gezeigt zu werden.[5] Alle diese

1 Brief Albert Einsteins an Alfred Einstein vom 22. März 1929, (in Berkeley, University of California, The Music Library, Alfred Einstein Collection, Folder 288), zitiert nach Melina Gehring: «Lieber Herr Einstein». Albert und Alfred Einstein – Cousins aus Freundschaft. In: *Neue Zeitschrift für Musik* 166 (2005), H. 6, S. 51.

2 Vgl. Pamela M[axine] Potter: From Jewish exile in Germany to German scholar in America. Alfred Einstein's emigration. In: *Driven into paradise. The musical migration from Nazi Germany to the United States.* Hrsg. von Reinhold Brinkmann und Christoph Wolff. Berkeley: University of California Press, 1999, S. 319 (Anmerkung 40).

3 Brief Albert Einsteins an Alfred Einstein vom 2. Mai 1936, zitiert nach Gehring: *«Lieber Herr Einstein»* (wie Anm. 1), S. 51.

4 http://felix.unife.it/Root/d-General/d-Man-and-society/t-Men (Aufruf am 19. Juni 2005).

5 Zitat Alfred Einstein, Postkarte an Max Ettinger vom 20. Januar 1939 aus New York, in der Israelitischen Cultusgemeinde Zürich ICZ, Nachlass Max Ettinger.

Hintergründe sind ausführlich dokumentiert in einem anlässlich des Einstein-Jahrs 2005 publizierten Zeitschriftenbeitrag, auf den mit Nachdruck verwiesen sei.[6]

Albert Einstein hatte also einen Musikwissenschaftler zum Vetter, der doch nicht wirklich sein Vetter war. Mehr als anekdotische Bedeutung hat das schwerlich. Und doch erlaubt der Blick auf den vorgeblichen Verwandten, der vor 125 Jahren in München geboren wurde, also 21½ Monate jünger als Albert war, im Vergleich einiges schärfer zu konturieren, was sowohl für Alfreds wie für Alberts Musikliebe, für beider Wissenschaftlerkarrieren im Deutschen Reich, für ihre politischen Stellungnahmen und schliesslich ganz allgemein für das Verhältnis von Musik und Wissenschaft im 20. Jahrhundert von Belang ist.

I. Musik im bildungsbürgerlichen Haushalt

In einer autobiographischen Skizze, die Einstein gegen Ende seines Lebens niederschrieb, lesen wir über die Kindheit in München: «Als ich ungefähr 9 oder 10 Jahre alt war, beschloss meine Mutter, dass meine Schwester und ich Musik lernen sollten. Auf meine Schwester fiel das Klavier, auf mich die Geige.»[7] Bewusst wurde hier offengelassen, welcher der beiden Einsteins diese knappen Sätze notierte. Es handelte sich um Alfred. Aber es ist verblüffend, dass diese Feststellungen mit minimalen Abweichungen genauso auf Albert zutreffen. Für den späteren Physiker wurde zwar schon in dessen sechstem Lebensjahr ein Instrumentallehrer engagiert, aber auch bei ihm fiel die Wahl auf die Geige, auch bei ihm war es die Mutter, die die Musikerziehung der beiden Kinder übernahm, und auch in seiner Familie erlernte die Schwester das Klavierspiel: Maja Einstein sollte wie ihr Bruder Albert ihr ganzes Leben lang begeistert Kammermusik machen, bis es ihr die Arteriosklerose nicht mehr erlaubte, weiter das zu tun, was für sie «doch vom Schönsten auf dieser Welt» war.[8] Und genauso wie Maja Einstein verbrachte auch Bertha Einstein, Alfreds Schwester, die letzten Lebensjahre an der Seite ihres Bruders in den USA.

Diese verblüffenden Übereinstimmungen sind kaum zufällig. Vielmehr zeigt sich hier ein typisches Muster familiärer Sozialisation in einer Gesellschaftsschicht, die man am einfachsten als Bildungsbürgertum bezeichnen kann und die ähnliche

6 Melina Gehring (Hamburg) sei auch an dieser Stelle sehr herzlich dafür gedankt, dass sie mir ihren Beitrag bereits vor der Veröffentlichung zur Verfügung gestellt hat.

7 Alfred Einstein: Jugendjahre in München (Fragmente einer Autobiographie). In: *Musik in Bayern* 34 (1987), S. 21; englische Übersetzung in: Michael Fink und Bess Hieronymus: The autobiography and early diary of Alfred Einstein (1880–1952). In: *The musical quarterly* 66 (1980), S. 366.

8 Franziska Rogger: *Einsteins Schwester. Maja Einstein – ihr Leben und ihr Bruder Albert.* Zürich: Verlag Neue Zürcher Zeitung 2005, S. 156; zu Majas Musizieren vgl. auch ebenda, S. 14, 25, 85–88.

Muster noch bis in die letzten Jahrzehnte des 20. Jahrhunderts perpetuierte.[9] Natürlich: Es lässt sich nicht bestreiten, dass diese musikalische Sozialisation für den späteren Musikforscher Alfred eine entscheidende Bedeutung hatte. Aber auch hier darf man nicht vergessen, dass der Sohn eines Textilgrosshändlers zunächst Jurisprudenz studiert hatte, bevor er dann 1903 im Fach Musikwissenschaft promoviert wurde.

Komplizierter sieht es bei Albert aus, wie der Leser dieses Bandes bereits bemerkt hat. Beim wohl nicht ausschliesslich auf das Jahr 2005 begrenzten Einstein-Rummel wird regelmässig, meist implizit, oft aber auch explizit, ein intimer Zusammenhang von musikalischer Begabung und naturwissenschaftlicher Produktivität unterstellt. Angesichts solcher Vorurteile ist es wichtig, nochmals daran zu erinnern, dass für den Physiker Einstein die literarische Gestalt des Sherlock Holmes als Exempel des inspirierten Arbeitens galt, wobei Geigenspiel und Pfeiferauchen von ihm ausdrücklich auf dieselbe Stufe gestellt wurden.[10] Nichts spricht also dagegen, dass auch Gartenarbeit oder Kochen präzise die Form konzentrierter Abwechslung bieten kann, die in Einsteins Sicht für wissenschaftliche Inspiration unerlässlich ist. Nun sei nicht bestritten, dass unter Naturwissenschaftlern – übrigens auch Medizinern – ein «Prozentsatz von Geigern, Bratschern und Cellisten» ausgemacht werden kann (oder konnte?), «der weit über dem normalen Anteil der Bevölkerung für solche Kunstfertigkeiten liegt».[11]

Aber obwohl Albert Einstein dem Ideologem der engen Verbindung von Musik und Wissenschaft wiederholt Vorschub geleistet hat,[12] scheint die Frage doch falsch gestellt. Die hier beschriebene Affinität zwischen Musikausübung und naturwissenschaftlicher Tätigkeit ist ein typisches Phänomen akademisch ausgebildeter Funktionseliten in mitteleuropäischen Gesellschaften des 19. und 20. Jahrhunderts. Bereits für die USA, ganz zu schweigen von asiatischen Ländern, wird man kaum ähnliche Feststellungen treffen können. Für konservativ eingestellte Bevölkerungsschichten in Europa gehörte aber im späten 19. und frühen 20. Jahrhundert das Interesse für Musik genauso zu einer umfassenden Erziehung wie die

9 Vgl. hierzu den Beitrag von Hans-Joachim Hinrichsen, oben, S. 11–26.

10 Vgl. den Beitrag von Ivana Rentsch, oben, S. 27–42.

11 Adolf W[alter] Meichle: *Das Genie mit der Geige. Albert Einstein als Geigenspieler. Eine wenig bekannte Leidenschaft des grossen Denkers.* Muri bei Bern: Albert-Einstein-Gesellschaft, 2005, S. 50.

12 Vgl. etwa das Gespräch mit Albert Einsteins zweiter Frau, an das sich der Architekt von Einsteins Landhaus, Konrad Wachsmann, in einem 1979 durchgeführten Interview erinnerte: «Elsa Einstein erzählte mir, dass er häufig am Flügel sitze oder auf seiner Lina, seiner Geige, spiele, wenn ihm irgendeine Assoziation zur Fortführung eines wissenschaftlichen Gedankens fehle. Als wir uns näher kannten, fragte ich ihn, was er dann spiele. Einstein sagte mir darauf: ‹Zuerst improvisiere ich, wenn auch das nicht hilft, suche ich Trost bei Mozart. Aber wenn sich beim Improvisieren doch ein Weg anbietet, brauche ich Bachs klare Konstruktionen, um meinen Gedanken weiterzuführen.›» (Michael Grüning [Hrsg.]: *Ein Haus für Albert Einstein. Erinnerungen, Briefe, Dokumente.* Berlin: Verlag der Nation, 1990, S. 251).

Lektüre von Shakespeare oder Goethe – übrigens im Gegensatz zu naturwissenschaftlichen Elementarkenntnissen: Alfred Einstein konnte es sich leisten, damit zu kokettieren, dass er zu den «Leuten» gehörte, «die den Besuch eines technischen Museums ängstlich vermeiden», und zwar deswegen, «weil sie so wenig verstehen von allem, was mit chemischen, physikalischen, mathematischen Formeln zu tun hat, was von Statik, Dynamik, Maschinenbau, Elektrizität, Kohle- und Pechgewinnung handelt».[13]

II. Antisemitismus in der deutschen Universität

Eine besonders grosse Rolle spielte diese bildungsbürgerliche Prägung bei jüdischen Familien deutscher Nationalität. Bevor abschliessend nochmals das Verhältnis von Wissenschaft und Kunst im Verständnis bildungsbürgerlicher Funktionseliten behandelt werden soll, sei nun aber zunächst einmal das Leben und Wirken Alfred Einsteins über die bisherigen Andeutungen hinaus genauer umrissen. Der 1880 in München geborene Gelehrte darf ohne jede Einschränkung zu den herausragenden Musikwissenschaftlern der ersten Hälfte des 20. Jahrhunderts gezählt werden; wenn er in der Widmung seiner Schütz-Monographie dem Nobelpreisträger gegenüber als «kleiner» Einstein firmierte,[14] trifft diese Aussage nur die sehr viel geringere Popularität seiner Person, nicht aber die Bedeutung des Musikforschers für seine Wissenschaft.

Nicht weniger als neun Monographien legte Einstein zu seinen Lebzeiten vor; darunter gut lesbare und doch wissenschaftlich fundierte, zum Teil auch eigene Forschungsergebnisse präsentierende Bücher über Schütz, Gluck, Mozart und Schubert, eine allgemeine Musikgeschichte und unter dem Titel *Music in the romantic era* eine Geschichte der Musik des 19. Jahrhunderts. Von besonderer Bedeutung für die Entwicklung der Musikwissenschaft im allgemeinen und derjenigen in den USA im besonderen war aber die wegweisende Erforschung des italienischen Madrigals. Schon in seinen Münchner Jahren hatte er damit begonnen, systematisch die zahlreichen erhaltenen Kompositionen aus dem 15. und 16. Jahrhundert zu spartieren, also aus den (in der Regel gedruckten) Einzelstimmen, die bisweilen sogar auf verschiedene Bibliotheken verstreut waren, handschriftliche Partituren herzustellen. Einsteins Sammlung dieses seit den 1960er Jahren grosszügig mit wissenschaftlichen Neuausgaben bedachten Repertoires war legendär.

13 Alfred Einstein: *Grösse in der Musik* [1940]. Zürich: Pan, 1951, S. 243f.

14 Auf der Titelseite des Exemplars von Alfred Einstein: *Heinrich Schütz*. Kassel: Bärenreiter, 1928, die sich in Albert Einsteins Nachlass in Jerusalem erhalten hat, lesen wir folgende Widmung: «Der ‹kleine› in Verehrung dem ‹grossen› 1.II.29» (Frau Barbara Wolff sei für die Verifizierung dieses Belegs ganz herzlich gedankt).

Er blieb aber nicht bei der in unermüdlicher Arbeit aufgebauten Dokumentation stehen; seine 1949 in Princeton verlegte Gesamtdarstellung *The Italian Madrigal* ist inzwischen zwar in Teilen überholt, bedeutete aber für den damaligen Kenntnisstand eine monumentale Leistung.

Auch als alleinverantwortlicher Bearbeiter verschiedener Lexika und als Wissenschaftsorganisator war Einstein von entscheidender Bedeutung: Von 1918 bis 1933 wirkte er als Redakteur der *Zeitschrift für Musikwissenschaft,* der damals auch international führenden musikwissenschaftlichen Fachzeitschrift, bevor er im Juni 1933 schmählich dieser Aufgabe enthoben wurde. Seine besondere Zuneigung galt aber dem Komponisten, von dem auch Albert immer in höchsten Tönen sprach: «Ich lernte erst etwas von 13 an, nachdem ich mich hauptsächlich in die Mozartsonaten verliebt hatte.»[15] Alfred Einstein zeichnete verantwortlich für eine die Mozart-Forschung bis heute prägende Initiative, als er das berühmte Köchel-Verzeichnis mit einer grundlegenden, 1937 noch in Leipzig erschienenen Neubearbeitung auf den neuesten wissenschaftlichen Stand brachte. (Dass er vom Verlag Breitkopf & Härtel ebenso wie von dessen Rechtsnachfolgern in der Deutschen Demokratischen Republik um den Lohn einer wahrhaften Sisyphusarbeit geprellt wurde, steht auf einem anderen Blatt.) 1942 schloss er ein Buch über Mozart ab, das erst 1947 bei Bermann-Fischer in Stockholm in der deutschen Originalfassung erscheinen konnte und 1955 die letzte Lektüre Thomas Manns auf dem Totenbett sein sollte.[16] In einem lakonischen Vorwort schimmert hier etwas von dem «Verliebtsein» hindurch, das genauso Alberts Verhältnis zu Mozarts Musik bestimmte: «Lange Jahre habe ich mich eingehend mit Mozart beschäftigt, am eingehendsten in einer Arbeit an der dritten Auflage von Köchels Chronologisch-Thematischem Katalog [...]. Es ist vielleicht verständlich, dass ich am Ende das Bedürfnis fühlte, diese [dort gewonnenen neuen] Ergebnisse nicht nur in der trockenen Form eines Kataloges darzubieten, sondern auch in einem persönlicheren und lebhafteren Zusammenhang.»[17]

Obwohl sein Mozart-Buch auch sechzig Jahre später als unerreichte Leistung gelten darf (und folgerichtig unverändert in Neuauflage erhältlich ist), war Alfred Einstein in Europa nie an einer Universität tätig. Sein Einkommen verdiente er sich als Musikkritiker, zunächst ab 1912 als freier Mitarbeiter der *Münchner Neuesten Nachrichten,* von 1917 bis 1927 dann als Rezensent bei der sozialdemokratischen

15 Entwurf eines Briefs Albert Einsteins an Philip Frank aus dem Jahre 1940, zitiert nach Albrecht Fölsing: *Albert Einstein. Eine Biographie.* Frankfurt am Main: Suhrkamp, 1995, S. 39.

16 Vgl. den Brief Thomas Manns an Michael Mann vom 11. August 1955, zitiert in Reinhart Zorn: Versuch über Mozart. Zu Thomas Manns letzter Lektüre. In: *Blätter der Thomas Mann Gesellschaft Zürich* 16 (1977/78), S. 9–20 und 28–30; vgl. auch Michael Mann: *Thomas Mann und Mozart,* ebenda, S. 5–8 und 28.

17 Alfred Einstein: *Mozart. Sein Charakter – Sein Werk.* Frankfurt am Main: Fischer, 1978, S. 9.

Tageszeitung *Münchener Post* und von 1927 bis 1933 beim *Berliner Tagblatt.*[18] Nach der Flucht über London baut er sich zunächst bei Florenz eine neue Existenz als Privatgelehrter auf, bevor er 1939 in die USA emigrieren kann und dort eine Professur am Smith College in Northampton, Massachusetts, annimmt. Lehraufträge und Gastprofessuren an der Columbia University, in Princeton und Yale sowie an der University of Michigan in Ann Arbor stehen in seinen letzten Lebensjahren vor der Pensionierung 1950 und dem Tod 1952 in Kalifornien für eine Anerkennung durch die *scientific community*, die er in seiner Heimat nie gefunden hatte.

Warum war ihm eine solche in Europa verwehrt geblieben? Sein Mentor und ‹Doktorvater› Adolf Sandberger – gewiss kein Nationalsozialist, ‹nur› ein typisch protestantisch-deutschnational sozialisierter Bildungsbürger – liess ihn aus offensichtlichen Beweggründen nicht zur Habilitation gelangen. So berichtete ein Kollege namens Decker dem Musikwissenschaftler Otto Ursprung im Jahre 1930 über Einsteins schwierige Situation, «weil Prof. Sandberger seine beabsichtigte Habilitation abgelehnt hat, jedenfalls mit Rücksicht auf sein Judentum».[19]

Wie schwer herausragenden Forschern jüdischer Abstammung in Deutschland und Österreich eine universitäre Karriere gemacht wurde, hat Notker Hammerstein in einer lesenswerten Studie prägnant dargestellt.[20] Die Schwierigkeiten Ernst Cassirers zum Beispiel, eines prominenten Vertreters des Neukantianismus, referierte dessen Witwe im Rückblick mit folgenden lakonischen Worten: «Im In- und Ausland war Ernst schon bei Erscheinen des ersten Bandes des ‹Erkenntnisproblems› [1909] ein anerkannter Gelehrter. Weshalb er trotzdem bis zum Jahre 1919 keine Berufung an eine der vielen in dieser Zeit frei gewordenen Universitätsstellen erhielt, bedarf keiner besonderen Erklärung.»[21]

Die Erklärung für das ebenso offensichtliche wie unwürdige Phänomen wurde bisweilen aber auch ausformuliert – etwa in einem bemerkenswerten Dokument, das sich in den Akten der Universität Zürich erhalten hat. Dort wurde Albert Ein-

18 Vgl. Kurt Dorfmüller: Alfred Einstein als Münchener Musikberichterstatter. In: *Festschrift Rudolf Elvers zum 60. Geburtstag.* Hrsg. von Ernst Herttrich und Hans Schneider. Tutzing: Schneider 1985, S. 117; Robert Schmitt Scheubel: Alfred Einstein als Kritiker. In: *Musikwissenschaft zwischen Kunst, Ästhetik und Experiment. Festschrift Helga de la Motte-Haber zum 60. Geburtstag.* Hrsg. von Reinhard Kopiez, Barbara Barthelmes, Heiner Gembris, Josef Kloppenburg, Heinz von Loesch, Hans Neuhoff, Günther Rötter und Christian Martin Schmidt. Würzburg: Königshausen & Neumann 1998, S. 515.

19 Brief Deckers an Otto Ursprung vom 2. Juni 1930, zitiert nach Pamela M[axine] Potter: Die Lage der jüdischen Musikwissenschaftler an den Universitäten der Weimarer Zeit. In: *Musik in der Emigration 1933–1945. Verfolgung – Vertreibung – Rückwirkung. Symposium Essen, 10. bis 13. Juni 1992.* Hrsg. von Horst Weber. Stuttgart/Weimar: Metzler, 1994, S. 62.

20 Vgl. Notker Hammerstein: *Antisemitismus und deutsche Universitäten 1871–1933.* Frankfurt am Main/New York: Campus, 1995.

21 Toni Cassirer: *Mein Leben mit Ernst Cassirer.* Hildesheim: Gerstenberg, 1981, S. 48; Hamburg: Meiner, 2003, S. 108.

stein zwar 1909 zum Extraordinarius für Physik gewählt, der Dekan der damals noch ungeteilten philosophischen Fakultät hielt es aber für angebracht, dem Wahlvorschlag der Fakultät umständliche Auslassungen über sein Verständnis von «Würde» beizufügen: «Diese, auf mehrjährigen Verkehr gegründeten Äusserungen unseres Kollegen Kleiner waren sowohl für die Kommission, als für die Gesamtfakultät von um so grösserem Wert, als Herr Dr. Einstein Israelit ist und als gerade den Israeliten unter den Gelehrten allerlei unangenehme Charaktereigentümlichkeiten, wie Zudringlichkeit, Unverschämtheit, Krämerhaftigkeit in der Auffassung ihrer akademischen Stellung und dergl. nachgeredet werden, und zwar in zahlreichen Fällen nicht ganz mit Unrecht. Indessen darf doch gesagt werden, dass es auch unter den Israeliten Männer gibt, bei denen nicht die Spur dieser unangenehmen Eigenschaften vorhanden ist und dass es daher nicht angeht, einen Mann bloss deswegen zu disqualifizieren, weil er zufällig Jude ist. Gibt es doch auch unter den nicht-jüdischen Gelehrten gelegentlich Leute, die in bezug auf merkantile Auffassung ihres akademischen Berufs Auffassungen entwickeln, die man sonst als spezifisch ‹jüdisch› zu betrachten gewohnt ist. Weder die Kommission, noch die Gesamtfakultät hielt es daher mit ihrer Würde vereinbar, den ‹Antisemitismus› als Prinzip auf ihre Fahne zu schreiben, und die Auskünfte, die Herr Kollege Kleiner über Herrn Dr. Einstein zu erteilen in der Lage war, haben uns vollkommen beruhigt.»[22]

Wie sehr antisemitische «Prinzipien» gerade den zuständigen Oberbehörden, sei es der Erziehungsdirektion in Zürich oder dem Ministerium in Wien, unterstellt wurden, zeigte sich wenig später bei Einsteins Berufung nach Prag, die erst im zweiten Anlauf realisiert werden konnte. In einem privaten Brief äusserte er knapp: «Ich war nur von der Fakultät vorgeschlagen; das Ministerium hat aber wegen meiner semitischen Abstammung den Vorschlag nicht angenommen.»[23] In Rechnung zu stellen ist bei diesen Mechanismen, dass im deutschen Sprachraum bis weit nach dem Zweiten Weltkrieg Professuren grundsätzlich nicht ausgeschrieben wurden, sondern Kandidaten von den Berufungskommissionen in einem informellen Verfahren vorgeschlagen wurden. Die Folge war gerade für die Gruppe von Wissenschaftlern «semitischer Abstammung» einschneidend: Im Deutschen Reich waren 1909 unter den Privatdozenten 10% jüdischer Herkunft, unter den Ordinarien aber nur 2%.[24]

22 Brief des Dekans der philosophischen Fakultät der Universität Zürich, Prof. Dr. Otto Stoll, an den Erziehungsdirektor des Kantons Zürich, Heinrich Ernst, vom 4. März 1909 (im Staatsarchiv des Kantons Zürich, Signatur U. 110b. 2, Personalakte Einstein), zitiert nach Fölsing: *Albert Einstein* (wie Anm. 15), S. 288.

23 Brief Albert Einsteins an Jakob Johann Laub von einem Samstag im Sommer 1910, zitiert nach Fölsing: *Albert Einstein* (wie Anm. 15), S. 310.

24 Hammerstein: *Antisemitismus* (wie Anm. 20), S. 72.

Nach der Verleihung des Nobelpreises spielten solche Ressentiments für die universitäre Karriere Albert Einsteins zwar keine Rolle mehr – im Gegenteil, die deutsche Diplomatie riskierte einen Eklat, weil sie den Physiker mit Schweizer Pass allein als ihren Staatsbürger reklamierte. Wenn man jedoch sieht, wie sehr selbst ein Forscher vom Rang eines Albert Einsteins mit dem grassierenden Antisemitismus konfrontiert war, dann ist es auch für die Verhältnisse in der Weimarer Republik nicht überraschend, dass ein weniger prominenter Wissenschaftler wie Alfred Einstein es in Europa nie zu einer festen akademischen Anstellung bringen konnte. Die Redaktion der *Münchener Post* schrieb angesichts seines Wechsels nach Berlin: «Dass [Einstein] ... für die amtlichen Stellen [...] schlechthin [...] nicht existierte, lag nur in der Tatsache begründet, dass im heutigen München, wo Ehre und Wirkungsmöglichkeit nicht nach Verdienst, sondern nach Blutprobe, Taufschein und Stammtischzugehörigkeit vergeben werden, für Männer von der Abstammung und von der freien weltanschaulichen Haltung Alfred Einsteins kein Platz ist.»[25]

III. Wissenschaftler in der politischen Debatte

Als liberale Vertreter eines jüdischen Bildungsbürgertums treffen sich beide Einsteins in einer extrem offenen, aber auch nationalismuskritischen Sicht der politischen und kulturellen Verhältnisse ihrer Zeit. Wie entschieden Albert Einstein bereits 1914 gegen die chauvinistischen Verirrungen deutscher Geistesgrössen aufgetreten war, muss hier nicht wiederholt werden. Alfred Einstein dürfte demgegenüber wie die meisten deutschen Juden weniger Distanz zum überbordenden Nationalismus während des Ersten Weltkriegs gezeigt haben; seine programmatische Erklärung im ersten Jahrgang der neu gegründeten (deutschen) *Zeitschrift für Musikwissenschaft* situiert sich mit einem gemässigt nationalen Ton sozusagen in der Mitte zwischen radikal chauvinistischen und radikal kosmopolitischen Positionen: «Dennoch ist es im gegenwärtigen Augenblick vielleicht notwendig näher zu umschreiben, worin das ‹deutsche› unserer Zeitschrift bestehen soll. Sollen wir uns etwa freiwillig in der Wahl des Stoffes beschränken? [...] Wir würden keine Wissenschaft mehr treiben, wenn wir unser Gesichtsfeld willkürlich einengen wollten, wenn wir den Beziehungen nicht mehr nachgingen, die unsere Kunst mit der der anderen Nationen verbinden, wenn wir uns durch andere als sachliche Gründe bestimmen liessen, zu entscheiden, was in unserer Forschung wichtig ist und was ihr nottut. [...] Noch weniger ‹deutscher Geist› wäre es, die Ergebnisse der ausserdeutschen Forschung mit Stillschweigen zu übergehen, oder einen an-

25 Mitteilung der Redaktion in: Münchener Post vom 16. September 1927, zitiert nach Dorfmüller: *Alfred Einstein* (wie Anm. 18), S. 148.

deren Massstab an sie anzulegen, als an die eigene. […] Das ‹Deutsche› liegt einzig darin, so gut und so ehrlich und hingebungsvoll zu arbeiten als es möglich ist.»[26] In seiner wissenschaftlichen Arbeit war ihm aber das chauvinistische Vorurteil genauso zuwider wie dem Nobelpreisträger. Gerade deswegen behandelte er den institutionalisierten Rassismus der deutschen Politik nach 1933 in seinen publizierten Äusserungen nur mit ostentativer Beiläufigkeit. Allerdings liess Alfred es sich nicht nehmen, mit präzise kalkulierter Wortwahl deutlich zu machen, dass solche Konzepte in der Hundezucht ihren Platz haben mögen, nicht aber unter zivilisierten Menschen. In einem Beitrag für eine von Thomas Mann in Zürich verlegte Exilzeitschrift mokierte er sich 1939 über «Pedigree-Forscher», die aus Franz Liszt einen Deutschen machen wollten.[27]

Das Stichwort «Pedigree» mag auch der gegebene Anlass sein, um die eingangs noch nicht abschliessend behandelte Frage nach der Verwandtschaft der beiden Einsteins wieder aufzugreifen. Alfred Einsteins Tochter teilte 1979 mit, dass sie beim Vergleich der Stammbäume der beiden Familien «not a single common ancestor» gefunden habe. «However, all the Einsteins come from a small place in Württemberg, Buchau am Federsee, and way back in history, there must have been some ‹Ur-Vater›.»[28] Mündliche Überlieferung präzisiert diese Vermutung: Es könnte sich bei Albert und Alfred um Cousins sechsten Grades gehandelt haben, berichten amerikanische Nachfahren, die den Namen Arnstein führen,[29] was bedeutet, dass die beiden fast gleichaltrigen Wissenschaftler einen gemeinsamen schwäbischen Vorfahren gehabt hätten, der zur Zeit Johann Sebastian Bachs und Georg Friedrich Händels gelebt haben dürfte.

Immerhin waren sich die beiden schon als Knaben das erste Mal begegnet, denn in München besuchten beide dasselbe Luitpold-Gymnasium. In Alfreds autobiographischer Skizze lesen wir: «Eine andere flüchtige Verwandtschaft erfolgte in der Singstunde, in der ein cholerischer und zu Wutausbrüchen geneigter Musiklehrer, namens Schmid, immer zwei Klassen zugleich unterrichtete. In der sechsten Klasse war ein schwarzlockiger Junge, der als er meinen Namen horte, mir freundschaftlich über den Kopf strich, sich aber sonst nicht weiter um mich bekümmerte. Es war meine erste Beziehung zu Albert Einstein.»[30]

26 [Alfred Einstein:] Geleitwort. In: *Zeitschrift für Musikwissenschaft* 1 (1918), S. 3f.

27 Alfred Einstein: Musikalisches. In: *Mass und Wert. Zweimonatsschrift für freie deutsche Kultur* 2 (1938/39), S. 382–388 (das Zitat auf S. 384); unter dem Titel ‹Die Enterbten› auch in Alfred Einstein: *Von Schütz bis Hindemith. Essays über Musik und Musiker.* Zürich/Stuttgart: Pan, 1956, S. 202–208, hier S. 203.

28 Brief Eva Einsteins an Nicholas Slominsky vom 1. Oktober 1979 (Durchschlag: Berkeley, University of California, The Music Library, Alfred Einstein Collection, Folder 852), zitiert nach Gehring: *«Lieber Herr Einstein»* (wie Anm. 1), S. 50.

29 Schriftliche Mitteilung von Herrn Dr. Robert Schmitt Scheubel (Berlin) vom 17. Februar 2005.

30 Einstein: *Jugendjahre in München* (wie Anm. 7), S. 20.

Aber nicht «Pedigree»-Fragen und Details der Familiengeschichte sollen uns hier interessieren, sondern Alfreds kritischer Blick auf die bis heute verbreitete Unart der Musikhistoriographie, Phänomene und Komponisten fein säuberlich nationalen Traditionen zuordnen zu wollen. Einsteins Kritik an dieser Engstirnigkeit zieht sich wie ein roter Faden durch seine Schriften, und aus dieser Perspektive heraus betrachtet ist es gewiss kein Zufall, dass ihn das italienische Madrigal zwischen dem 16. und 17. Jahrhundert besonders begeistert hat, also eine musikalische Situation, in der Komponisten mit italienischem «Pedigree» sich im friedlichen Wettstreit mit Kollegen aus dem heutigen Belgien und dem heutigen Nordfrankreich massen.

Freilich musste sich Einstein in der jede zivilisatorische Schranke durchbrechenden politischen Entwicklung der 1930er und 1940er Jahre wie ein einsamer Rufer in der Wüste fühlen. Nicht ohne Bitterkeit eröffnete er einen nicht datierten Essay über *Krieg, Musik, Nationalismus, und Toleranz* mit folgenden ebenso hellsichtigen wie bestürzten Worten: «Es ist eine fromme Legende, dass der Geist unbeirrt und unbehindert seinen Weg geht, mag der fragwürdige Lauf der Weltereignisse sich auch zum Taumel steigern, die fragwürdige Ordnung der Dinge sich ins Chaos verwandeln. Aber der Geist ist immerhin abhängig von den Köpfen, und Geist kann von diesen Köpfen nicht mehr produziert werden, wenn sie abgeschlagen sind.»[31]

Eine vergleichbare Reaktion Alberts auf letztlich dieselbe Situation mutet schalkhafter, aber auch leichtsinniger an und wirft überdies ein merkwürdiges Licht auf das Musikverständnis des Physikers. Im Juli 1950 referiert der Schriftsteller Hermann Broch in einem Brief an Hannah Arendt folgende, im Inhalt vergleichbare, im Ton ganz andersartige Äusserung des prominenten Gesprächspartners aus Princeton: «Dann sagte er aber etwas Nettes: die Menschheit bleibt so blöd, wie sie immer war, und es ist kein Schad um sie, aber dass dann niemand mehr Bach und Mozart spielen wird, ist doch schad.»[32]

Wie realistisch-desillusioniert demgegenüber Alfred Einsteins Sicht auf den Lauf der Welt in den Katastrophenjahren nach 1933 war, zeigen bisher unzugängliche Dokumente aus einem Nachlass, der sich seit kurzem im Besitz des Berner Instituts für Musikwissenschaft befindet. Mit Ernst Kurth, dem ersten Inhaber des Berner Lehrstuhls für Musikwissenschaft, verbanden Alfred Einstein schon seit 1920 briefliche Kontakte, aus denen Ende der 1920er Jahre eine auch die Familie

31 Alfred Einstein: Krieg, Musik, Nationalismus, und Toleranz. In: Albert Einstein: *Nationale und universale Musik. Neue Essays.* Zürich/Stuttgart: Pan, 1958, S. 255.

32 Brief Hermann Brochs an Hannah Arendt vom 24. Juli 1950, zitiert nach Hermann Broch: *Briefe 3 (1945–1951)* (Broch, Kommentierte Werkausgabe, Band XIII/3; Suhrkamp Taschenbuch, 712). Hrsg. von Paul Michael Lützeler. Frankfurt am Main: Suhrkamp, 1981, S. 484.

Kurths einbeziehende Freundschaft erwuchs. Nach 1933 intensivierte sich der Briefwechsel mit dem herausragenden Fachvertreter, um den sich in den 1920er Jahren die renommiertesten deutschen Universitäten vergeblich bemüht hatten. Im Sommer 1935, als offensichtlich war, dass eine Rückkehr nach Deutschland vorerst nicht in Frage kam, berichtet der nach Italien geflüchtete Alfred Einstein von seinem Plan, seine unschätzbare Madrigalspartensammlung dem Berner Seminar zu schenken, möglicherweise auch mit dem unausgesprochenen Hintergedanken, eine solche materielle Geste könne die Schweizer Einwanderungsbehörden grosszügiger stimmen. Aber: «Je mehr ich über die Formulierung der Schenkung nachdenke, desto mehr Schwierigkeiten sehe ich. Der Konflickt [sic!] beruht hauptsächlich in dem Punkt, dass ich die Sammlung *Ihnen* für *Ihr* Seminar zudenke, aber nicht dem Berner Seminar schlechthin. Ich leiste mir jetzt einen kleinen und sicherlich nicht sehr guten Scherz, aber einen, der bei Ihrer Objektivität doch des Ernstes nicht ganz entbehrt: wer bürgt mir dafür, dass meine Stiftung nicht doch in die Hände eines stinkenden Nazi fällt und von Nazi-Studenten benutzt wird? Wenn einmal doch ein Hans Joachim neben Ihnen auftaucht? Und gegen einen Hans Joachim wären Sie in Ihrer Sauberkeit und Waffenlosigkeit verloren. Kurz, lassen wir die Geschichte noch in der Schwebe und sprechen wir sie ‹bei nächster Gelegenheit› noch gründlich durch.»[33]

Mit «Hans Joachim» war der umtriebige Musikpublizist Hans-Joachim Moser gemeint, der 1933 seine Stellung als Direktor der Staatlichen Akademie für Kirchen- und Schulmusik in Berlin verloren hatte – übrigens nicht aus politischen Gründen und auch nicht wegen seines Eintretens «für verfolgte Kollegen»,[34] sondern – nach allem, was wir wissen – wegen sexueller Aktivitäten mit einer Studentin im eigenen Dienstzimmer.[35] Anschliessend hatte er bei Kurth auf recht aufdringliche Weise wegen beruflicher Möglichkeiten in der Schweiz sondiert; Einstein, dem Kurth von diesem Briefwechsel berichtet hatte, sah sich offensichtlich verpflichtet, den Berner Freund vor zuviel Blauäugigkeit zu warnen. Sein Hinweis auf offensichtliche Versuche Moser, sich auch beim neuen Regime anzubiedern, gipfelt im entschiedenen Rat, Kurth möge «den Burschen, bei Ihrer angebornen Gutheit, sich nicht zu nahe kommen lassen».[36]

Danach wurde der Kontakt wieder lockerer; aber ein Brief, den Alfred Einstein in der Atmosphäre des aufziehenden Kalten Kriegs ein Jahr nach dem frühen

33 Brief Alfred Einsteins an Ernst Kurth vom 7. Juli 1935, Bern, Institut für Musikwissenschaft der Universität, Nachlass Ernst Kurth, Signatur E1.11.

34 www.catalogus-professorum-halensis.de/moserhansjoachim.html (Aufruf am 30. September 2005).

35 Vgl. Pamela Maxine Potter: *Trends in German musicology, 1918–1945. The effects of methodological, ideological, and institutional change on the writing of music history.* Dissertation, Yale University 1991, S. 287.

36 Brief Alfred Einsteins an Ernst Kurth vom 16. Dezember 1934, Bern, Institut für Musikwissenschaft der Universität, Nachlass Ernst Kurth, Signatur E1.10.

Tod Kurths dessen Witwe schrieb, wirft nochmals ein erhellendes Schlaglicht auf die Albert Einstein, Alfred Einstein und Ernst Kurth gemeinsamen Erfahrungen einer historischen Katastrophe, die sie nur verzweifelt zur Kenntnis nehmen konnten: «Ja, es war ein Trost, dass er das Ende des Tausendjährigen Reiches noch hat erleben dürfen, und ist vielleicht ein Glück, dass er nicht erleben muss, was jetzt nachfolgt, ein Frieden ohne Frieden und der Beweis, dass das ungeheure Opfer umsonst gewesen ist, und dass diese Menschheit nichts lernt, nicht einmal aus der bittersten Erfahrung. Doch vielleicht wäre er auch heute zuversichtlicher als ich: ich hab' ihn immer beneidet um seine unerschütterliche Ueberzeugung von der Niederlage des Bösen – zwischen 1933 und 1943 war ich durchaus nicht sicher über die weltgerichtliche Rolle der Weltgeschichte.»[37]

IV. Musik in wissenschaftlicher Perspektive

Es ist kein Wunder, dass Alfred als «Tintenscheisser» stilistisch noch brillanter mit der deutschen Sprache umging, die Albert 1951 voller Bitterkeit als seine «Stiefmutter-Sprache» bezeichnen sollte;[38] übrigens hielt der Musikwissenschaftler bis zu seinem Tod daran fest, nur in deutscher Sprache zu schreiben. Im Gegensatz zu dem weltbekannten Physiker war der Ehrendoktor der Princeton University in einem Fach tätig, wo allein die sprachliche Nuance und keine Formel, kein Experiment wissenschaftliche Präzision garantieren kann. Und gerade auch die stilistische Sorgfalt seiner Schriften bekräftigt Alfred Einsteins Stellung als herausragender Musikhistoriker. Seine zahlreichen Texte zeichnen sich immer durch eine Präzision und Eleganz des Arguments aus, die kein anderer deutschsprachiger Musikwissenschaftler im 20. Jahrhundert erreicht hat.

Im Gegensatz zu seinem vermeintlichen Vetter, dem er dann während seiner Gastsemester in Princeton regelmässig begegnen sollte, unterwarf er gerade auch die Musik dem scharfen Blick des Forschers, immer jedoch im Wissen darum, dass es selbst der brillantesten Wissenschaft nicht gelingen kann, alle Qualitäten herausragender Musik in Sprache abzubilden. Dieser angewandte Skeptizismus eines Historikers scheint einem schwierigen Gegenstand angemessener als ein an der Oberfläche haftendes und deshalb letztlich romantisierendes Ideologem, das den inneren Zusammenhang von Musik und Physik, von Mozart und Relativitätstheorie unterstellt. Die Virulenz, mit der uns diese Denkfigur im Einstein-Jahr 2005 wieder begegnet ist, lässt sich wohl kaum damit erklären, dass der einer präzisen sozialhistorischen Situation entwachsene Typus des geigenden Naturwissen-

37 Brief Alfred Einsteins an Marie-Louise Kurth vom 17. Mai 1947, ebenda, Signatur E1.14.

38 Brief Albert Einsteins an Jean Bequerel vom 16. August 1951, zitiert nach Fölsing: *Albert Einstein* (wie Anm. 15), S. 774.

schaftlers heute noch besonders zahlreich vertreten wäre. Vielmehr erscheint diese Denkfigur als ein höchst problematischer Reflex der durchgreifenden Ökonomisierung unserer pädagogischen und gesellschaftspolitischen Debatten. In einer Situation, in der jede menschliche Tätigkeit einem utilitaristischen Massstab gehorchen soll, wird gerade von den Verteidigern der musischen Fächer allzu voreilig das Argument bemüht, nur der Ausgleich durch nutzlose, musische Aktivitäten garantiere die Leistungsfähigkeit in ökonomisch relevanten Sektoren wie manchen Disziplinen der Naturwissenschaft. Das ist zwar kein Widerspruch zu Albert Einsteins ganz individueller Methode, auf dem Umweg über das Geigenspiel die Entspannung und Musse für neue naturwissenschaftliche Ideen zu gewinnen. Aber in der Zuspitzung auf eine mechanische Kosten-Nutzen-Relation wird Albert Einsteins Wissen um die gemeinsame «Sehnsuchtsquelle» aller Tätigkeit des menschlichen Intellekts ebenso pervertiert wie Alfred Einsteins unerschütterlicher Glaube daran, dass in der Musik – so die letzten Worte seines Mozart-Buchs – die «Überwindung alles chaotischen Erdentums» möglich sein müsste.[39]

39 Einstein: *Mozart* (wie Anm. 17), S. 443.

Von Stradivaris Geheimnissen und vom Didgeridoo

Musikalisches aus Albert Einsteins Archiv

Barbara Wolff

«Seit E. Geige gespielt hat», schreibt Helen Dukas in das Tagebuch, das sie auf der ersten gemeinsamen Schiffsreise führt, «seit E. Geige gespielt hat, kommen alle Weiber her. Besonders die alten.»[1] Fräulein Dukas ist offensichtlich verärgert. Seit zwei Jahren – seit April 1928 – trägt sie einen Teil der Last, die Einsteins Ruhm mit sich gebracht hat: Sie erledigt seine Korrespondenz. Was stört sie daran, dass die «alten Weiber» den auch nicht mehr ganz jungen Professor sehen, sprechen und auch geigen hören wollen? Ist sie eifersüchtig? Sie sollte sich eigentlich längst daran gewöhnt haben, dass die «Weiber» ihm nachstellen und dass er das häufig durchaus geniesst. Es geht ja nicht so selten die Initiative gar nicht von den Frauen aus, sondern von Einstein selbst.

Nelly Wolff erzählt: «Ich lernte ihn als junge Frau kennen, als er noch nicht verheiratet mit Frau Elsa war.» Das muss in den Jahren des Ersten Weltkrieges gewesen sein. «Als grosse Verehrerin von [Bronisław] Hubermann sagte ich mal zu ihr nach einer schweren Grippe – wenn ich gewusst hätte, ob ich sterbe (nicht zu ernst zu nehmen) hätte ich Hubermann 1000 Mark geschickt und ihn gebeten, mir das Ave Maria nochmals zu spielen. Als Einstein das hörte, klingelte er mich an, sagte, ich bin zwar nicht Hubermann, aber ich brauche auch keine 1000 Mark. Ich komme und spiele umsonst. So geschah es, dann kam er öfters mit seiner Geige und wir hatten viele schöne Stunden.»[2] Wer war Nelly Wolff? Und was mögen das für «schöne Stunden» gewesen sein?

In dem von Helen Dukas und ihren Mitarbeitern zusammengestellten Index des Archivs, der erst seit kurzem in kleinen Schritten zu einem umfassenderen Katalog ausgebaut wird, sucht man Antworten auf ‹musikalische Fragen› meist vergebens. Nur ein verschwindend kleiner Teil der Korrespondenz, in der es um Musik geht, wurde als solcher erfasst. Die Grossen der Zunft, wie etwa Toscanini, Casals, Menuhin, Schönberg oder Huberman, sind als Musiker ausgewiesen; Briefe von ihnen, an sie und solche, in denen sie erwähnt werden – Briefe übrigens, die vorwiegend politische, seltener musikalische Themen behandeln –, liegen in einer eigenen Mappe. Unerkannt und unauffindbar bleiben aber die vielen Unbekannten, mit denen Einstein musikalische Fragen diskutiert, die Nicht-Musiker, mit

1 Helen Dukas: [Tagebuch, Eintrag vom 25. Dezember 1930], im Albert-Einstein-Archiv, Jerusalem [= AEA], Nr. 38-592.2.

2 Brief Nelly Wolffs an Hedi Born vom 7. November 1955, im AEA, Nr. 31-510.

denen er musiziert hat. Meist ist es der Zufall, der der Archivarin zu Hilfe kommt. Plötzlich taucht ein Name unerwartet in einem neuen Zusammenhang auf: «Ich begegnete Ihnen im Hause der Frau Wolff in der Alemannen-Allee 5 in Bln-Westend»,[3] schreibt der Arzt Dago Rynar und gibt damit den «vielen schönen Stunden», die Einstein mit Nelly Wolff verbrachte, schliesslich einen Ort: den eines Salons, in dem auch zahlreiche andere Musiker verkehrten.

Aber noch immer sind mehr Rätsel ungelöst als Fragen beantwortet, die sich stellen, seit ich begonnen habe, die musikalischen Zufallsfunde systematisch zu notieren.[4] Ob sich die Antworten in Einsteins Archiv befinden und finden lassen,[5] muss offenbleiben. Zwar hat Helen Dukas über ein halbes Jahrhundert lang dafür gesorgt, dass Wissenschaftliches und die Korrespondenz mit den Grössen der Weltgeschichte für die Nachwelt bewahrt werden, Privaterem und scheinbar Unwesentlicherem hat sie aber nicht dieselbe Sorgfalt gewidmet. Aus der Fülle der weithin unbekannten Dokumente, die in der einen oder anderen Weise Licht auf den Musikliebhaber Einstein werfen, der die Musik geniessen konnte, gerade weil er sie nicht zu seinem Beruf gemacht hatte,[6] habe ich eine, zugegebenermassen subjektive, Auswahl getroffen: Texte, die in wenigen Worten kleine Geschichten erzählen, die der Leser gerne weiterspinnen darf.

Kann nicht schwatzen von Musik
und mein Fiedeln kommt zum Glück
Selten jemand in die Ohren
(Andre haben nichts verloren).[7]

3 Brief Dago Rynars an Albert Einstein vom 1. September 1937, im AEA, Nr. 54-322.

4 Barbara Wolff ist seit 1995 als Mitarbeiterin am Albert-Einstein-Archiv der Hebräischen Universität tätig, das in der Jewish National and University Library untergebracht ist. Ergänzendes zum Thema Einstein und die Musik findet sich in drei weiteren Beiträgen von Barbara Wolff, die in folgenden Publikationen erschienen sind: Albert Einstein und die Musik. In: *Albert Einstein. Ingenieur des Universums. Hundert Autoren für Einstein*. Hrsg. von Jürgen Renn. Weinheim: Wiley-VCH, 2005, S. 250–255; ... völlig trunken und behext. Albert Einstein und die Musik: ein jüdisches Thema? In: *Relativ jüdisch. Albert Einstein – Jude, Zionist, Nonkonformist.* Hrsg. von Christian Dirks und Hermann Simon. Berlin: Textpunkt, 2005, S. 175–193; Barbara Wolff: *... völlig trunken und behext ... Ein Blick auf eine weniger bekannte Seite des Physikers Albert Einstein*. In: *Praxis der Naturwissenschaften. Physik in der Schule* 54 [2005], H. 7, S. 19–25.

5 Vielleicht auch werden sie mehrheitlich ‹zufällig› von ausserhalb hereintrudeln, wie die kleinen Puzzleteilchen, die ein Archivbenutzer just an dem Tag beigesteuert hat, als ich an den letzten Korrekturen dieses Beitrags sass. Kontaktiert hatte er das Archiv auf der Suche nach einem (Physik-)Assistenten Einsteins. Der beiläufig erwähnte Name eines Musikpartners machte mich hellhörig, ich hakte nach, er lieferte mehr ...: «... Als ich übrigens in Boehnheims Office die Treppe hinaufstieg, hörte ich aus einem Zimmer Klavierspiel, jemand spielte Bach. Ich sah hinein, da sass A. Einstein im Dunkeln vor einem Flügel und spielte – ganz leise vor sich hin.» Dies schreibt am 22. September 1936 die Grossmutter des Korrespondenten, Eva Ortmann, an ihre Tochter. Siehe Peter Crane: *Wir leben nun mal auf einem Vulkan.* Bonn: Weidle, 2005, S. 313.

6 Vgl. Brief Albert Einsteins an Königin Elisabeth von Belgien vom 3. Januar 1952, im AEA, Nr. 32-403.

7 Albert Einstein: [Aufzeichungen aus Cromer, September 1933], im AEA, Nr. 31-136.

So dichtete Einstein im Spätsommer 1933 in Cromer, England, seinem Zufluchtsort, wo er «glücklich alleine» in einer Jagdhütte auf dem Land sass und neben seiner Geige sogar ein Klavier zum Musizieren zur Verfügung hatte. «Um mich Pferde, Bäume, Schweine», fährt er fort, lässt die bewaffneten Wachmänner, die ums Haus streichen, unerwähnt und behauptet: «Keine Lieben, keine Sorgen» – obgleich er im Sommer 1933 sicher guten Grund hätte, sich einige Sorgen zu machen. Wozu ihn das «Tinchen», das er hier andichtet, aufgefordert hat, bleibt uns verborgen; zu einem Konzert? zu einer schriftlichen Stellungnahme über Musik? Sicher ist, dass er ablehnt:

> Dankt gerührt und schmunzelt froh
> denkt dabei: es geht auch so![8]

Dass Einstein, der doch mit bewundernswerter Eloquenz zu nahezu jedem Thema einen oft druckreifen Kommentar abzugeben bereit war, sich zur Musik nicht äussern wollte, können wir nicht zuletzt auch aus der Bemerkung schliessen, die dieser Publikation den Titel gab. War ihm zu Bach immerhin noch eingefallen, man möge ihn «hören, spielen, lieben [und] verehren»,[9] so reduzierte sich die Empfehlung für den Umgang mit Schubert schon auf das simplere «Musizieren» und «Lieben»; in beiden Fällen galt aber das «Maulhalten» als die *ultima ratio.*

I.

Wie stark Einsteins Unwille war, auch für sich selbst ein so emotionsbeladenes Thema in Worte zu fassen, geht aus seinen Reisetagebüchern hervor, in denen er sogar für musikalische Erlebnisse, die einen starken Eindruck bei ihm hinterlassen hatten, im besten Fall Worte wie diese fand: «Konzert bei Toscanini in Metropolitan Opera. Freute mich, ihm in der Pause die Hand zu drücken nach wunderbarer Aufführung der Pastorale. Alles Mass und klare Gliederung ohne Übersteigerung.»[10] Vehementer brachte er Missfallen zu Papier: «Tanz junger Gören, klassisch dass Gott erbarm zum Largo von Händel. Gut, dass ers nicht gesehen hat.»[11] Darüber hinaus notierte Einstein gewöhnlich lapidar zwischen «Muss [...] Relativ. Vortrag halten. Splendid Isolation bröckelt ab»,[12] die er sich doch von der

8 Ebenda.
9 Entwurf für einen Brief Albert Einsteins an *Reclams Universum* vom März 1928, im AEA, Nr. 28-058.1.
10 Albert Einstein: [Reisetagebücher, Eintrag vom 13. Dezember 1930], im AEA, Nr. 29-134.
11 Albert Einstein: [Reisetagebücher, Eintrag von Ende Januar 1932], im AEA, Nr. 29-136.
12 Albert Einstein: [Reisetagebücher, Eintrag vom 17. März 1925], im AEA, Nr. 29-132.

Schiffsreise versprochen hatte, und «Pflanzenwelt übertrifft die Träume von 1001 Nacht»[13] – ein Eindruck aus dem Botanischen Garten von Rio de Janeiro – «Ich spiele jeden Tag mit einem Herrn Holländer, Frau Ohnesorg und dem Primgeiger der Schiffskapelle Quartett, Mozart und Schubert, in meiner Kajüte. Man schwitzt arg dabei, aber man ist beglückt.»[14]

Substantielles lässt sich Einsteins eigenen Berichten, und das schliesst die tagebuchähnliche Korrespondenz mit der zu Hause gebliebenen Ehefrau ein, also kaum entnehmen. Der – als solcher natürlich nicht vorgesehene – Leser erfährt im allgemeinen nicht einmal, welche Stücke im einzelnen Einstein gespielt hat: «Abendessen ... mit himmlischem Mahl und Musizieren (Bach, Brahms)»[15] oder «Nach dem Abendessen Haydn-Trio»[16]. Was diese Tagebuchnotizen aber verraten, ist, wieviel Zeit Einstein der Musik widmete. Seine physikalische Forschung kann, in den turbulenten Berliner wie in den immer ruhiger werdenden Princetoner Jahren, kaum mehr Zeit in Anspruch genommen haben. Da war zum einen das Solospiel zu Hause auf Geige oder Klavier zu jeder beliebigen Tages- und Nachtzeit. Anders als Thomas Mann etwa lebte Einstein nicht nach der Uhr: «Bei Herrn Professor war das alles ganz spontan», erinnerte sich das ehemalige Dienstmädchen Herta und versicherte, dass auch sein bisweilen nächtliches Geigenspiel in der Küche, wo es so schön hallte, sie keineswegs belästigt habe.[17]

Für Ehefrau Elsa klingt Alberts Spiel gelegentlich «göttlich»,[18] andere Zuhörer kleiden ihre Anerkennung meist in zurückhaltendere Worte; die Meinungen reichen von «leidenschaftlich», «ausdrucksvoll» und «kristallklar» bis «mittelmässig, farblos, [...] grau».[19] Dass er durch sein Spiel und in seinem Spiel, sei es ‹göttlich› oder ‹farblos›, nicht zuletzt Gefühle ausdrückt, die er sich «gar oft in dürren Gedanken auch nicht im mindesten zugesteh[t]» – eine Erkenntnis über sein Innenleben, zu der er schon als Jugendlicher gekommen ist[20] –, das erfährt auch ein Reporter, der ihn nach einer zweifellos aufwühlenden Sitzung der Genfer Abrüstungskonferenz im Mai 1932 aufsucht. Ihm berichtet der Hotelportier, Einstein habe seit seiner Rückkehr ins Hotel gegeigt: «He made his violin do the weirdest things – yell and scrooch. I thought at times he was trying to break it. And I heard him curse and fume while he was playing.»[21]

13 Albert Einstein: [Reisetagebücher, Eintrag vom 22. März 1925], im AEA, Nr. 29-132.
14 Albert Einstein: [Reisetagebücher, Eintrag vom 21. März 1925], im AEA, Nr. 29-132.
15 Albert Einstein: [Reisetagebücher, Eintrag vom 11. Dezember 1930], im AEA, Nr. 29-134.
16 Albert Einstein: [Reisetagebücher, Eintrag vom 13. April 1931], im AEA, Nr. 29-134.
17 Friedrich Herneck: *Einstein privat. Herta W. erinnert sich an die Jahre 1927 bis 1933.* Berlin: Der Morgen, 1978, S. 28.
18 Brief Elsa Einsteins an Emil Hilb, im AEA, Nr. 50-357.
19 Vgl. Wolff, *... völlig trunken und behext ...* (wie Anm. 4), S. 23–24.
20 Vgl. Brief Albert Einsteins an Julia Niggli vom 28. Juli 1899, im AEA, Nr. 44-588.
21 Konrad Bercovici, in: *The Literary Digest* vom 4. Februar 1933.

Das häufige Reisen in den 1920er Jahren beraubt Einstein nicht der Möglichkeiten zum gemeinsamen Musizieren mit Freunden, Bekannten oder Zufallspartnern. Unterwegs kommt es zum «Geigenspiel von mir (Gluck, Hauser, Bach) und japanischer Dame» in Japan,[22] zum «Quartett bei Pearce Haydn und Mozart, [...] sehr schön und gemütlich» in Oxford,[23] zu einer «musikalischen Einladung bei Bentwich [in Jerusalem]. Höchst musikalische Familie. Wir spielten Mozart-Quintett»[24] und dergleichen mehr in Paris, in Madrid und Barcelona, in Leiden und Utrecht, in Wien und andernorts. Die Liste ist lang, und nur ein einziges Mal liest man in Einsteins Reisetagebuch so etwas wie «Abends musiziert mit Offizier in Samuels Wohnung – viel zu lang, weil ausgehungert nach Musik».[25]

Ausgehungert nach Musik dürfte Einstein höchst selten gewesen sein. Eher war er manchmal wohl nicht mehr willens oder nicht mehr in der Lage, alle musikalischen Wünsche zu erfüllen, die an ihn herangetragen wurden. «Vom 11.–15. Okt 1926 findet in Berlin der erste internationale Kongress für Sexualforschung statt», schreibt ihm der Psychiater Kurt Singer. Zur Begrüssungsfeier, bei der einige ausländische Gesandte sowie der Reichsaussenminister als Redner vorgesehen sind, soll in der Wandelhalle des Reichstags ein künstlerischer Rahmen geschaffen werden. «Ich möchte Sie hiermit ganz ergebenst [...] anfragen», fährt Singer fort, «ob Sie bereit wären, zum ersten Satz des B-Dur-Sextetts von Brahms Opus 18 eine der beiden Geigenpartien zu übernehmen. Ich brauche nicht zu versichern, von welch ausserordentlichem Wert mir eine Beteiligung gerade von Ihrer Seite hierbei wäre.»[26] Worauf sich das Wort «gerade» bezieht, scheint aus dem Brief nicht eindeutig hervorzugehen. Einstein hat aber wohl verstanden: «Leider sehe ich mich», antwortet er umgehend, «weder vermöge meiner sexuellen, noch vermöge meiner musikalischen Fähigkeiten in der Lage, Ihrer freundlichen Aufforderung zu entsprechen.»[27]

Diese Einladung hatte Ehefrau Elsa vermutlich gar nicht zu Gesicht bekommen, bevor Einstein seine Absage formulierte. Im allgemeinen nahm sie die Organisation seiner Auftritte nicht nur gerne in die eigenen Hände, sondern übte, da sie «in schlauer Regie» die Wohltätigkeitskasse verwaltete,[28] bisweilen durchaus Druck auf den Ehemann aus, zum Besten dieser Kasse öffentlich aufzutreten. «Dass er sich irgendwie gern zur Schau gestellt hätte», will die Haushaltshilfe Herta nicht bestätigen, «es gab da oft Auseinandersetzungen zwischen ihm und

22 Albert Einstein: [Reisetagebücher, Eintrag vom 27. November 1922], im AEA, Nr. 29-129.
23 Albert Einstein: [Reisetagebücher, Eintrag vom 22. Mai 1931], im AEA, Nr. 29-134.
24 Albert Einstein: [Reisetagebücher, Eintrag vom 6. Februar 1923], im AEA, Nr. 29-129.
25 Albert Einstein: [Reisetagebücher, Eintrag vom 5. Februar 1923], im AEA, Nr. 29-129.
26 Brief Kurt Singers an Albert Einstein vom 20. Juli 1926, im AEA, Nr. 44-904.
27 Brief Albert Einsteins an Kurt Singer vom 8. August 1926, im AEA, Nr. 44-905.
28 Siehe Albert Einstein: [Reisetagebücher, Eintrag vom 11. Dezember 1930], im AEA, Nr. 29-134.

Frau Professor, weil sie schon wieder eine Einladung angenommen hatte.»[29] Manchmal entzog er sich in etwas hinterlistiger Weise. «Nach der Pause war Einstein verschwunden und nicht mehr aufzufinden», berichtet ein Nachbar nach einem Wohltätigkeitskonzert, das in der Einsteinschen Wohnung stattgefunden hatte. «Erst als alle unbefriedigten Wohltäter enttäuscht gegangen waren, entdeckte man ihn hinter dem grossen Küchenherd, wo er die ganze Zeit über in stiller Konzentration auf dem Boden gelegen hatte.» Die Zuhörer, rechtfertigt er sich, seien ihm wie neugierige Affen im Käfig vorgekommen, die erstaunt ein Menschenexemplar anglotzen.[30]

Aber oft gibt er nach. Elsa, geschmeichelt von dem Ruhm, der ja auch auf sie abfärbt, trägt das Ihre dazu bei, ihn zu vergrössern. «Ich finde, den Hauptteil an dem Abend müsste mein Mann übernehmen», schreibt sie dem Agenten Hilb, als man schon bald nach dem Umzug der Einsteins nach Princeton im Herbst 1933 dort ein erstes Wohltätigkeitskonzert zugunsten verfolgter jüdischer Wissenschaftler plant. Dass die dafür engagierte Pianistin Harriet Cohen dabei auch ‹für sich Reklame machen› wolle, möchte Elsa ihr ja nicht verübeln, «aber wir brauchen uns nicht danach zu richten», dekretiert sie resolut.[31] Dem Publikum, davon ist Elsa fest überzeugt, «liegt furchtbar wenig daran, irgend einen andern Genuss in Bezug auf Musik zu erleben. [...] Denn, sehen Sie, diese Leute kommen ja an jenem Abend [...] lediglich, um den Einstein spielen zu hören.»[32] Ob Emil Hilb ihren Mann nicht dazu bewegen könne, als Solist mit Orchesterbegleitung aufzutreten? Dazu sollte es nicht kommen. Aber Elsa konnte sich kaum beklagen. Die amerikanischen Zeitungen berichteten von Einsteins amerikanischem Debüt als Geiger, ganz als sei Einstein in erster Linie als Musiker nach Amerika emigriert, nicht als Physiker.

II.

Den Musiker hatten die amerikanischen Zeitungen in Einstein schon ausgemacht, als er dort 1921 zum ersten Mal an Land ging: «Mit der einen Hand umklammerte er eine glänzende Bruyerepfeife, in der anderen hielt er eine kostbare Violine.»[33] Und auch die spanischen Zeitungen meldeten zwei Jahre später, der illustre Besucher sehe aus «wie ein inspirierter italienischer Geiger», vielleicht «ein wenig zu

29 Herneck: *Einstein privat* (wie Anm. 17), S. 42.

30 Archiv der Max-Planck-Gesellschaft, Berlin, Repositur IX/I: Hans Frentz, 15. März 1969.

31 Brief Elsa Einsteins an Emil Hilb vom 7. November 1933, im AEA, Nr. 50-339.

32 Brief Elsa Einsteins an Emil Hilb vom 19. November 1933, im AEA, Nr. 50-341.

33 *New York Times* vom 3. April 1921: «In one hand he clutched a shiny brier pipe and the other clung to a precious violin.»

beethovensch».[34] Dieses Image nicht eines unnahbaren, respektgebietenden Genies, sondern, wie George Bernard Shaw anmerkt, eines Menschen, der sich «nur als Wissenschaftler maskiert» habe, «in Wirklichkeit aber ein verkleideter Musiker» sei,[35] erleichtert es den vielen Verehrern, vor allem aber den Frage- und Bittstellern, sich an Einstein zu wenden.

«Am 6.12.193[2] war ich mit einer von meinem Mann gebauten Geige – ohne sein Wissen – bei Ihnen in Caputh», schreibt eine Frau Kielow und hofft, auch Einstein werde sich an die für sie «unvergessliche Stunde» erinnern.[36] «Ich wusste eigentlich selbst nicht, was mich zu Ihnen trieb – entweder war es die grosse Ehrfurcht u. Anerkennung, die mein Mann für Sie Herr Prof. hatte, oder es war wie Sie es damals selbst nannten, Schicksal.» Hatte Einstein tatsächlich von ‹Schicksal› gesprochen, nicht vielmehr von einem Glücksfall, da er doch drei Tage später schon unterwegs nach Amerika zu sein plante? «Ich weiss noch heute [...] wie ich vor dem Häuschen auf dem Berge stand, aus dem Ihr wundervolles Geigenspiel drang», schwärmt Frau Kielow 1946.[37] Elsa lässt die am Waldrand Zögernde ein. Frau Kielow trägt den Wunsch vor, Einstein möge doch auf ihres Mannes Geige spielen, er kommt dem Wunsch nach und gibt Frau Kielow schliesslich ein kleines Gutachten mit: «Die Geige des Herrn Kielow ist zweifellos eine der schönsten Geigen, die ich in der Hand gehabt habe.»[38] – «Das Gutachten war der Stolz meines Mannes», versichert Frau Kielow ein tausendjähriges Reich später, nur habe man sich in der Nazizeit damit einigen Ärger eingehandelt. Will sie andeuten, auch sie hätten zu den Verfolgten gehört? Jetzt seien die schrecklichen Jahre zwar überstanden, aber sie hätten alles verloren und würden gerne aus dem «grossen Elends- und Trümmerhaufen» Deutschland nach Amerika ziehen. Ob Einstein dies nicht durch eine kleine Fürsprache unterstützen könne?[39]

Wir wissen nicht, ob Einstein geantwortet hat. Vielleicht fühlte er sich an ein anderes Gutachten erinnert, eine andere Fürsprache, die sich schliesslich als ein eher peinlicher Missgriff entpuppte. Einem Julius Levin hatte er attestiert, dass er «das Geheimnis des Baues von Geigen der altitalienischen Typen derart vollständig erfasst» habe, dass er imstande sei, «mit voller Sicherheit Instrumente nach Art der verschiedenen alten Meister von wunderbarer Klangfarbe herzustellen».[40]

34 Vgl. Thomas F. Glick: *Einstein in Spain.* Princeton: University Press, 1988, S. 130, 263.

35 Siehe Henderson Recalls Shaw, Einstein Association. In: *Durham Morning Herald* vom 21. August 1955: «Einstein's portrait doesn't suggest a mathematician. It suggests Beethoven or Liszt. [...] I believe he is masquerading as a scientist, and is really a musician in disguise.»

36 Brief Margarete Kielows an Albert Einstein vom 6. August 1946, im AEA, Nr. 57-008.

37 Ebenda.

38 Albert Einstein: [Gutachten für Kielow], im AEA, Nr. 57-009.

39 Brief Margarete Kielows an Albert Einstein vom 6. August 1946, im AEA, Nr. 57-008.

40 Brief Albert Einsteins an J. Errera vom 7. September 1933, im AEA, Nr. 49-544.

Levins Veredelungsmethode bestand darin, an bestimmten, genau berechneten Stellen des Geigenkörpers Holz abzutragen, bis nur noch eine äusserst dünne, sehr fragile Wand übrigblieb. Eine dieser Geigen riss Einstein zu dem Geständnis hin, er sei, nachdem er soeben zwei Stunden darauf phantasiert habe, «völlig trunken und behext».[41] Das geht weit über die superlativen Gefälligkeitsgutachten hinaus, die er sonst gerne abzugeben bereit ist, und zeugt von einer Begeisterungsfähigkeit, die er selten in so hohen Tönen äussert. Um so bedauerlicher ist, dass, als es darum geht, Levins Kunst durch ein professionelles Gutachten zu bestätigen, sich herausstellt, dass «das Vergnügen, welches ich an meiner Geige gehabt habe, auf Mangel an Urteilskraft beruht hat»[42] und «dass ich meine gelehrte und berühmte Nase in etwas hineingesteckt hatte, wovon ich nichts verstehe».[43]

Darf man die Frage stellen, wovon – im weiten Rahmen der Musik – Einstein tatsächlich etwas verstand? Vom Komponieren, das gibt er rundheraus zu, jedenfalls nicht. «Ich fühlte mich sehr geschmeichelt von Ihrer Idee, ich könnte heimlich ein Musikstück geschrieben haben. Tatsächlich habe ich viel und gerne auf dem Klavier improvisiert», gesteht er den Astronomen von der Harvard-Sternwarte 1954, als «das Geigen ihn längst aufgegeben» hat.[44] «Aber ohne grösseres Erstaunen habe ich festgestellt, dass Papier und Tinte vergeudet gewesen wären, hätte ich das niedergeschrieben.»[45] Auch in «Musiktheorie und Musikgeschichte» hält er sich für «recht unwissend» und räumt ein, dass er «nicht so weit gekommen» sei, sich «in fremde Musik-Tradition[en] einzufühlen».[46] Vielleicht erinnerte er sich, während er dies schrieb, an das Unbehagen, das ihm japanische Gesänge bereitet hatten: «Gestern Abend freiwillige Vorstellung der Japaner. Ein Mann sang und deklamierte wie ein Kater, dem man auf den Schwanz tritt, dazu entlockte er aus einem guitarre-ähnlichen Instrument [...] mit wilder Gebärde von Zeit zu Zeit einen Ton, der mit dem Sing-Sang nichts zu tun zu haben schien.»[47] Vielleicht auch dachte er dabei an die ihm fremde Musiktradition, die sich gewissermassen direkt neben seinem Ohr entwickelte: «Wenn das der Mozart wüsste», gab Elsa Alberts Kommentar zu Schönbergs Dodekaphonie wieder, «er würde sich nicht mal im Grabe umdrehn, aber er würde ihm die Zunge rausstrecken.» Auch Einstein wollte

41 Brief Albert Einsteins an Julius Levin vom 18. Juli 1931, im AEA, Nr. 47-422.

42 Brief Albert Einsteins an Max Gottschalk vom 2. August 1934, im AEA, Nr. 50-920.

43 Brief Albert Einsteins an Alexander und Catherine Barjansky vom 16. Februar 1935, im AEA, Nr. 49-182.

44 Vgl. Brief Albert Einsteins an Julia Niggli vom 22. November 1952, im AEA, Nr. 60-735.

45 Brief Albert Einsteins an Frances Wright vom 12. Januar 1954, im AEA, Nr. 61-777: «I [...] was much flattered by your idea that I may have written secretly something in music. It is true that I have improvised much on the piano with delight, but I discovered without much astonishment that it was not worth the paper and ink to be written down.»

46 Brief Albert Einsteins an Klaus Pringsheim aus dem Jahr 1941, im AEA, Nr. 34-373.

47 Albert Einstein: [Reisetagebücher, Eintrag vom 30. Oktober 1922], im AEA, Nr. 29-129.

Schönbergs Musiktheorie nicht ernst nehmen; Musik wie Theorie schienen seinem an Mozart geschulten Ohr nichts als «verrückt».[48]

Zu Problemen des Geigenbaus nahm er hingegen auf häufige Anfrage immer wieder Stellung. Zwar schickt er seinen Expertisen meist Warnungen voraus: «Obwohl ich sowohl Physiker als Geiger bin, kann die Antwort keinerlei Anspruch darauf machen, als autoritativ zu gelten.» Dann aber äussert der *Physiker* sich wortreich zu «Stärke und Dämpfung aller in Betracht kommenden, den Tönen und Obertönen entsprechenden Schwingungen»,[49] zum statischen Problem der «Aufnahme des Saitenzugs und -druckes» oder dazu, in welcher Weise «die Spannungsschwankung der tönenden Saite für die Tonerzeugung massgebend» sei.[50]

Dem *Geiger* Einstein scheint eine solche, rein wissenschaftliche Betrachtung des Musikinstruments manchmal eher suspekt – denn «Musik ist schliesslich fürs Gemüt und nicht für den Intellekt da».[51] Das geht am deutlichsten aus seiner Antwort an Justitiar Meissner hervor. Meissner, «frueherer Schueler und Bekannter von [Joseph] Joachim und [...] erster Mitarbeiter und Sachverstaendiger für Cremoneser Geigen der *Deutschen Musikinstrumentenzeitung*», also nicht etwa lediglich ein Autographensammler, wie er gleich zu Beginn seines Briefes betont, hatte in Einstein einen Mitstreiter gegen Geigenbaumeister Max Moeckel gesucht, der im Konkurrenzblatt *Deutsche Musikzeitung* das Konstruktionsgeheimnis der alten italienischen Geigenbauer entdeckt zu haben behauptete. Meissner – und ebenso Joachim, den Meissner als Zeugen anführt – seien aber der Ansicht, dass die Tonfrage, «seine Suesse, Verschleierung, Tragfaehigkeit», keineswegs mit einer Konstruktion nach dem Goldenen Schnitt gelöst sei, sondern wohl immer ein Geheimnis bleiben werde. Ob Einstein «als erste Autoritaet» sich darüber nicht vielleicht schon ein Bild gemacht habe?[52]

Einstein räumt ein, es könne «kaum ein komplizierteres mechanisch-akustisches Problem gedacht werden» als das der Konstruktion einer wohlklingenden Geige, obgleich «im Prinzip die hierbei stattfindenden Vorgänge nach wohlbekannten Gesetzen verlaufen». Dass er seine Ausführungen aber mit dem Bekenntnis abschliesst, die «Lösung des Problems aufgrund wissenschaftlicher Analyse [sei] praktisch unmöglich»,[53] scheint Justitiar Meissner zu erstaunen. Einstein schreibt nicht, es sei ihm unmöglich, das Problem mit dem ihm zur Verfügung stehenden wissenschaftlichen Handwerkszeug zu lösen; er bringt auch keine zusätz-

48 Brief Elsa Einsteins an Emil Hilb vom 11. März 1934, im AEA, Nr. 50-389.
49 Brief Albert Einsteins an Richard Meissner vom 12. November 1924, im AEA, Nr. 44-427.
50 Brief Albert Einsteins an Ferdinand Müller vom 19. Januar 1929, im AEA, Nr. 47-680.
51 Brief Albert Einsteins an seinen Sohn Eduard vom 28. Januar 1926, im AEA, Nr. 75-647.
52 Brief Richard Meissners an Albert Einstein vom 7. November 1924, im AEA, Nr. 44-426.
53 Brief Albert Einsteins an Richard Meissner vom 12. November 1924, im AEA, Nr. 44-427.

lichen Parameter ins Spiel, sondern kleidet das Problem in einige eigene Sätze, um sich dann Meissners und Joachims Ansicht anzuschliessen. So wie er, in einem Gespräch mit Rabindranath Tagore, sich mit der Bemerkung aus der Affäre ziehen wird, das Geheimnis wirklich guter Musik könne nicht allein mit dem Verstand erfasst werden,[54] zieht er hier das Resümee, der Bau guter Instrumente müsse «immer die Sache feinfühliger Empiriker bleiben».[55]

Mit dieser Aussage, die zwar ambivalent, aber doch allem Anschein nach die erwünschte ist, mag sich Justitiar Meissner nicht zufriedengeben: «Ich habe nur noch eine einzige Frage. Dann werde ich Sie nicht mehr behelligen», verspricht er in einem zweiten Brief. Bevor er zur Sache kommen kann, muss er allerdings seine eigene Bedeutung noch einmal wortreich herausstreichen. «Damals, als Helmholtz begraben wurde» – er hatte Helmholtz und dessen für den Geigenbau nutzbare Lehre auch schon in seinem ersten Brief angeführt –, «hat Joachim hinter einem Palmenhain verborgen das Abendlied von Schumann wunderbar gespielt. Gleich darauf war ich bei ihm und er gab mir eine Stunde. Da spielte er mir noch mal in Pantoffeln dasitzend das Abendlied und die G Dur Romanze von Beethoven ganz unvergleichlich vor. – Ich habe ihm als Referendar zur Revanche immer Witze erzaehlt, recht kraeftige.» Auf Seite 3 kommt er schliesslich auf seine Frage zur Abstimmung des Abstands zwischen Boden und Decke der Geige zu sprechen. Einstein, offenbar geduldig, vielleicht sogar interessiert, antwortet erneut. Diese Antwort kennen wir nicht, entnehmen aber Meissners nächstem Schreiben, dass Einstein nun einen praktischen Vorschlag gemacht hat: «Ich werde Ihre Ansicht mal praktisch ausprobieren» ist Meissners abschliessender Kommentar. Und dann kann er doch nicht umhin, noch am selben Tag einen weiteren Brief loszuschicken, den er bezeichnenderweise mit den Worten enden lässt: «Vor ca. vier Wochen hat mal ein sehr feiner Wilmersdorfer Geigenbauer eine Guadagninigeige nachgeahmt, die als absolut echt befunden wurde und viel schoener klang als das Original. Warum, weiss er selber nicht!!! Das ist doch eine Sache, die Sie als grosser Mathematiker gelegentlich interessieren muesste.»

Auch ein anderer Herr Meissner, Johann, aus Budapest hatte sich mit Fragen des Geigenbaus befasst. 1938 führt er sich bei Einstein mit folgenden Worten ein: «Ich bin als Jude k[aiserlich] u[ngarischer] Hauptmann a.D., besitze signum laudis (vor dem Feinde), bin pensionierter Bankprokurist (Central Hypothekenbank Tükör u.4).» Nebenbei erlaubt er sich zu bemerken, dass der *Pester Lloyd* vom 26. November 1930 seinem Werk – es bleibt verborgen, welchem – einen Artikel

54 Albert Einstein: Gespräch mit Rabindranath Tagore (1930), nachgedruckt in: *The Kenyon Review. New Series* 23 (2001), H. 2, S. 29.

55 Brief Albert Einsteins an Richard Meissner vom 12. November 1924, im AEA, Nr. 44-427.

gewidmet hatte. «Ich wende mich an Sie, hochverehrter Herr Professor, mit der Bitte, mir eine Unterredung zu gewähren, um zu beweisen – so phantastisch dies auch scheinen mag – dass ich das phisikalische Gesetz, nach welchem Stradivarius seine Geigen baute, restlos gefunden habe.» Offenbar kann Hauptmann a.D. Meissner Einstein aber nicht davon überzeugen, dass die Verwertung des von ihm gefundenen Gesetzes sowohl «im Interesse des amerikanischen Staates» sei und der Geigenindustrie einen bedeutenden Aufschwung bescheren als auch «besonders im Interesse der Juden erfolgen» werde.[56] Einstein gewährt ihm die gewünschte Unterredung in Amerika allem Anschein nach nicht. Dass er Johann Meissners Hilferuf als solchen nicht erkannte, Meissners Brief vielmehr in der «Komischen Mappe» zwischen allerlei nicht ernstzunehmenden und nicht ernstgenommenen Episteln ablegen liess, gibt zu denken. Man kann nur hoffen, dass der Briefschreiber vor 1944 in Ungarn eines natürlichen Todes sterben durfte.

Ernster nahm Einstein den Hilferuf eines arbeitslosen Musikers, der sich offenbar nicht als Jude zu erkennen gegeben hatte. In diesem Fall liegt uns nur Einsteins Antwort vor, nicht der Brief des Ratsuchenden, auf den Einstein im April 1933 mit den folgenden erstaunlichen, vielleicht nicht ganz situationsgerechten Empfehlungen reagierte: «Lesen Sie keine Zeitung, [...] lesen Sie die wunderbaren Schriftsteller früherer Zeiten [...] und erfreuen Sie sich an der wundervollen Natur der Münchner Gegend. Denken Sie unablässig, dass Sie gewissermassen unter fremden Geschöpfen auf dem Mars leben und tilgen Sie jede tiefere Anteilnahme an dem Treiben dieser Geschöpfe. Schliessen Sie Freundschaft mit ein paar Tieren. [...] Bedenken Sie, dass die feineren und edleren Menschen stets alleine sind.»[57]

Etliche andere Musiker – Profis und Amateure – sind dem Schicksal, das die Nazis für sie vorgesehen hatten, wenn nicht nur, so doch auch mit Hilfe von Einsteins ‹Vermittlungsbüro für Verfolgte› glücklich entgangen. Manchen stellte Einstein selbst eine Bürgschaftsurkunde aus oder verschaffte ihnen eine solche von Dritten. Anderen half er mit Empfehlungen weiter. Die Bittschreiben, die in der Mercer Street 112 eintrafen, beginnen oft ähnlich: «Hochverehrter Herr Professor! Es wäre immerhin möglich, dass Sie eine Erinnerung an mich haben, trotz der Jahre, die inzwischen verstrichen sind [...]. ja, auch trotz der Geringfügigkeit des Vorfalls, der für Sie eine relative Nebensächlichkeit, für mich ein absolutes und grosses Erlebnis bedeutete.» Dago Rynar arbeitete damals an einem Werk über die Mechanik und Ästhetik des Violoncellospiels. «Sie gaben mir», erinnert er sich, «gütigst einen Hinweis, dass auch an dem spielenden Bogenarm die Summe aller Drehmomente = 0 sei», und «einmal hatte ich neben der grossen Ehre auch das

56 Brief Johann Meissners an Albert Einstein vom 21. Dezember 1938, im AEA, Nr. 31-916.
57 Brief Albert Einsteins an A. Wöhr vom 5. April 1933, im AEA, Nr. 52-305.

Vergnügen, mit Ihnen in einem Trio zu spielen».[58] Nun haben ihn die Nazis verscheucht, und er bittet um eine Bestätigung, dass Einstein ihn in Berlin als Arzt und als unbescholtenen Bürger kannte. Dieser Bitte kommt Einstein prompt nach. Andere Bittsteller können sich nicht auf eine persönliche Bekanntschaft berufen, sie beziehen sich auf Einsteins Ruf als desjenigen, der «oft zu wohltätigen Zwecken die Geige zur Hand nahm». «Wenn ich Ihnen heute meine Sonate überreiche, so komme ich einem inneren Bedürfnis nach», schreibt Georg Jokl, der «durch das deutsche Gangstersystem in Österreich» seine «Existenz völlig verloren» hat und Einstein bitten muss, für ihn «einen kunstsinnigen Gönner» zu finden, der ihm «in der ersten Zeit unter die Arme greifen» könne. Jokl tut das «mit der festen Überzeugung», dass Einstein «diese Hilfe keinem Unwürdigen zu teil werden» lasse.[59] Ob Einstein Jokls Einschätzung teilen wollte, ist unbekannt geblieben.

Viele dieser Hilfesuchenden waren vor der erzwungenen Emigration kaum bekannt und sind es auch später allenfalls in Fachkreisen geworden, wenn sie nicht überhaupt nach der Flucht in einem anderen Metier noch einmal von vorne anfangen mussten. Eine Ausnahme bildet Boris Schwarz, der schon als ‹Geigenwunderkind› Mitte der 1920er Jahre mit Einstein musiziert hatte. Bald nach dem Machtantritt der Nazis wurde ihm der deutsche Pass und damit die Möglichkeit der Berufsausübung in Deutschland entzogen. Unter dem Decknamen ‹Elsa Alberti› nimmt Elsa aus Princeton mit Boris Schwarz Kontakt auf und überzeugt ihn von der Notwendigkeit einer sofortigen Emigration. In Alberts Namen hinterlegt sie beim amerikanischen Konsulat in Berlin die Papiere, die Boris braucht, um auszureisen. «Anbei sende ich [...] zwei Affidavits, die eine unbedingte Gewähr dafür bieten dürften, dass der Gesuchsteller in Amerika der öffentlichen Wohltätigkeit nicht zur Last fallen wird», heisst es in dem Schreiben. «Ich kenne Herrn Boris Schwarz persönlich und in seiner Eigenschaft als Künstler seit vielen Jahren und schätze ihn in jeder Beziehung sehr. Deshalb scheue ich weder Mühe noch Opfer, um ihn aus seiner unhaltbaren Lage in Deutschland zu befreien.»[60] Tatsächlich kommt Boris Schwarz noch im Sommer 1936 nach Amerika und kann, von Einstein persönlich ermahnt, sich dort «wie eine gute Haustochter und nicht wie ein russischer Zigeuner» aufzuführen,[61] ein Zimmer beziehen, das Einstein ihm in einem Wohnheim besorgt hat. Dem Physiker verdankt er wohl auch seine erste Anstellung: «Ich habe gehört, dass Sie einen jungen Musiker als Reisebegleiter suchen», führt Einstein seinen Protegé bei einer Frau Pretzfeld ein. «Herr Schwarz

58 Brief Dago Rynars an Albert Einstein vom 1. September 1937, im AEA, Nr. 54-322.

59 Brief Georg Jokls an Albert Einstein vom 3. August 1938, im AEA, Nr. 54-712.

60 Brief Albert Einsteins an den amerikanischen Generalkonsul in Berlin vom 26. Februar 1936, im AEA, Nr. 51-807.

61 Brief Albert Einsteins an Boris Schwarz vom 27. Juli 1936, im AEA, Nr. 79-667.

ist soeben glücklich in NY gelandet – es ist keine kleine Sache, aus der deutschen Hölle zu entkommen und die erste freie Luft zu atmen. Er ist ein feiner Musiker und zuverlässiger Mensch. [...] Es würde mich sehr freuen, wenn sie ihn als den für Ihren Zweck geeigneten Mann finden würden.»[62]

Boris Schwarz gelang es schnell, Fuss zu fassen, er konnte seine Eltern in die Staaten holen, erhielt schliesslich eine Professur für Musikgeschichte und blieb Einstein bis an dessen Lebensende freundschaftlich verbunden. Regelmässig besuchte er ihn mit Geige, Frau und Sohn. Von Zeit zu Zeit nahm Einstein nun auch Schwarz' Hilfe in Anspruch, wenn er etwa, um die verarmte Familie eines ehemaligen Kollegen zu unterstützen, nach einem Käufer für dessen wertvolle Geige suchte oder wenn sein ehemaliger Sekretär, der, «mit wahrer Abscheu sei's gesagt, das Saxophon erfolgreich plagt»,[63] in die Musikergewerkschaft aufgenommen werden wollte. Von Boris Schwarz stammt die sicher beste, eine klare, auf langjähriger Erfahrung des Berufsmusikers beruhende, legendenfreie Beschreibung Einsteins als Geiger.[64]

III.

Legenden über Einstein, den Geiger, sind Legion. Manche gründen sich auf Missverständnisse, andere wurden verbreitet, weil ein Unbekannter sich mit einem schmucken Anekdötchen über das ihm persönlich bekannte Genie als Augen- oder Ohrenzeuge selbst zu profilieren glaubte, viele sind aber ganz frei erfunden. Ob es sich darum handelt, dass Einstein einmal «statt einen [physikalischen] Vortrag zu halten, [...] zur Zufriedenheit seines Publikums»[65] ein Geigensolo abgeliefert haben soll oder dass er ‹nicht bis drei zählen› konnte, was ihm je nach Berichterstatter einmal Fritz Kreisler, ein andermal Artur Schnabel[66] oder die Musiker des Stradivarius-Quartetts vorgeworfen haben sollen – die Tatsache, dass solche Anekdoten immer wieder nachgedruckt werden, verleiht ihnen keine grössere Authentizität. Kreisler, dessen öffentliche Äusserungen ohne Zweifel mit einiger Skepsis zu betrachten sind – Einstein vermerkt in seinem Tagebuch: «Kreisler erzählt, dass er manche seiner klassischen Funde – selbst komponiert hat»[67] –, krönt die bekannte Geschichte vom Wohltätigkeitsgeiger Einstein, dem ein Kritiker bestätigt habe, dass «die anderen Geigengenies erblasst wären, hätten sie den grössten

62 Brief Albert Einsteins an Frau [P]retzfeld vom [Juli] 1936, im AEA, Nr. 51-810.

63 Brief Albert Einsteins an Boris Schwarz vom 14. April 1939, im AEA, Nr. 79-674.

64 Siehe auch den Beitrag von Hans-Joachim Hinrichsen, oben, S. 11–26.

65 Dies ist nur eine der zahlreichen Legenden, die in dem mit Fehlern gespickten Heft *Das Genie mit der Geige* (Adolf Meichle, Muri bei Bern: Albert-Einstein-Gesellschaft, 2005) zu finden sind.

66 Vgl. u.a. Glick: *Einstein in Spain* (wie Anm. 34), S. 79.

67 Albert Einstein: [Reisetagebücher, Eintrag vom 13. Dezember 1930], im AEA, Nr. 29-134.

Meister von allen gehört», noch mit einem Nachsatz: «Einstein war entzückt und bewahrt diesen Zeitungsartikel auf. Ich glaube, er ist stolzer auf diese Kritik als auf all seine Leistungen in Physik, Mathematik und Himmelsmechanik.»[68]

Weniger bekannt, aber nicht weniger reizvoll ist die Geschichte von Einsteins Verbindung zu Theremin. Leon Theremin war 1917 mit einem Gerät an die Öffentlichkeit getreten, mit dem er «Musik aus der Luft» einsammelte. Zu dieser «Ätherwellenmusik» äusserte sich «A. Einstein» 1927 im *Berliner Tagblatt*: «Wir haben im 20. Jahrhundert wieder ein Erlebnis ähnlich dem des prähistorischen Menschen, der der Bastschnur an seinem Bogen einen Ton entlockt, vor seiner magischen Wirkung erschrickt und ihn, dennoch erschauernd, dann immer kühner wiederholt.» Die frei aus dem Raum geholten Klänge stellten, so schreibt er, «ein neues Phänomen» dar, «das unsere Nerven sehr stark affiziert». Ein Cellokonzert werde da in «grandioser Fülle» und «mächtigster Sonorität» dargeboten.[69] Im Gegensatz zu einem Benutzer des Einstein-Archivs, der die Archivarin vor ein paar Jahren mit der Frage nach Material zu Einstein und Theremin eine Weile in Atem gehalten hat, wollte der Redakteur einer polnisch-jüdischen Zeitung, nachdem er sich 1930 eine Vorführung des Theremin-Geräts angehört hatte, nicht daran glauben, dass die obengenannte Verbindung existierte. Vielmehr sah er Einsteins Ruf in Gefahr, wenn dessen Name missbräuchlich, wie er vermutete, mit solch einem «grossangelegten Humbug» in Zusammenhang gebracht werde.[70] Man müsse «viel Mut besitzen», so der Redakteur, «um […] Musik zu nennen», was er als unangenehme Pfiffe «wie Töne aus einer schlechten Flöte» beschreibt. Es handle sich bei der vielgepriesenen Erfindung offenbar um nichts anderes als einen kombinierten doppelten Radioapparat, bei den Pfiffen um die Geräusche, die als Rückkopplung bekannt seien.[71] «Ich gestehe, dass ich erhebliche Zweifel habe, ob die Ihnen, Hochverehrter Herr Professor, unterschobene Ansicht sich auf diese Apparate bezieht und schliesse nicht aus, dass dieses mit Ihrem Namen reklamierte Gutachten eine plumpe Fälschung darstellt.»[72]

Tatsächlich erweisen sich diese Zweifel als nicht unberechtigt, wie ein weiterer Brief bestätigt, der sich im Archiv findet. «Ich hatte in jeder Stadt Reklame gemacht und wie üblich auch die Weltpressestimmen angeführt», schreibt die Orga-

68 Fritz Kreisler: *Einstein and Mussolini. Fiddlers*, in: *The Literary Digest* vom 30. Mai 1931: «The other geniuses of the violin […] would have paled last night had they been there to hear the playing of the greatest master of them all.» «Einstein was delighted. He treasures the clipping. I think he is prouder of it than he is of all his achievements in the realm of physics, mathematics, and celestial mechanics.»

69 A. Einstein: *Berliner Tagblatt* vom 28. September 1927, zitiert nach: Brief von Julius Wurzel an Albert Einstein vom 30. Mai 1930, im AEA, Nr. 45-752.

70 Ebenda.

71 Vgl. Julius Wurzels Artikel in *Chwila* vom 23. Mai 1930, im AEA, Nr. 45-756.

72 Brief Julius Wurzels an Albert Einstein vom 30. Mai 1930, im AEA, Nr. 45-752.

nisatorin einer Tournee mit dem Theremin-Apparat, «darunter auch eine günstige Kritik [...] des bekannten Musikkritikers A. Einstein.» Selbstverständlich habe sie mit diesem Namen das Publikum keineswegs irreführen wollen. Und dann ergreift sie die Gelegenheit, den noch ein wenig bekannteren Physiker A. Einstein darum zu bitten, ihr eine Bestätigung zukommen zu lassen, «dass die Ätherwellenmusik absolut kein Bluff oder Schwindel ist, wodurch ja Ihre wissenschaftliche Einstellung absolut nicht tangiert wird».[73] Der Physiker A[lbert] Einstein, der Theremins Erfindung für nicht besonders bemerkenswert hielt,[74] kam diesem Wunsch offenbar nicht nach. Ob man vom Musikkritiker A[lfred] Einstein ein fachlich besser fundiertes Urteil hätte erwarten dürfen? Vielleicht hat er ein solches später abgeliefert. Leon Theremin selbst hat sich gegen Ende seines Lebens schliesslich in einem Interview zum Physiker Einstein geäussert. «Er war [...] interessiert an der Verbindung zwischen Musik und geometrischen Figuren, nicht nur Farbe, sondern hauptsächlich Dreiecke, Sechsecke [...] verschiedene geometrische Figuren. Die wollte er in Bildern kombinieren. [...] Ich stellte ihm ein Studio [...] zur Verfügung und eine meiner Assistentinnen half ihm bei den Entwürfen.» Nach vielen Treffen seien alle Wände des Studios voll dieser Zeichnungen gewesen. «Daraus wählten sie die Bilder aus, die zur Musik passten.»[75] Hier bleibt ein Rätsel vorerst ungelöst. Keinerlei Hinweis auf einen direkten Kontakt zwischen Albert Einstein und Leon Theremin hat sich im Archiv bisher finden lassen. Aber dürfen wir Theremin unterstellen, dass er sich diese ‹Erinnerung› vollständig aus den Fingern gesogen hat?

Nicht immer hat die Bitte, mit der ein ehemaliger Musikpartner sich an den vermeintlich allmächtigen Einstein wendet, mit Musik zu tun. Da führt ein H. Feitis 1950 zur Rechtfertigung für sein «kühnes» und «anmassendes» Schreiben an, er habe «vor vielen Jahren die Ehre» gehabt, mit Einstein und Hans Wohlwend «ein paar mal zu ‹musizieren›» – wobei ungeklärt bleibt, weshalb er das Wort ‹musizieren› in Anführungsstriche setzt.[76] Sein Anliegen ist es allerdings, «eine Chance, vielleicht nur eine ganz geringe [zu ergreifen], um ohne furchtbare Katastrophe den fast ausweglos scheinenden internationalen Konflikten unserer Zeit zu entrinnen». Diese Chance sieht er in Einsteins «persönliche[m] Besuch & Unterredung mit dem Manne, der mehr als alle anderen das Schicksal der nächsten Zukunft bestimmen kann: Stalin». Einstein mag selbst die Chance nicht gesehen

73 Brief Mary Brans an Albert Einstein vom 27. Juni 1930, im AEA, Nr. 45-755.

74 Brief Albert Einsteins an Julius Wurzel vom 12. Juni 1930, im AEA, Nr. 45-754.

75 Interview von Olivia Mattis mit Leon Theremin [Lev Sergejewitsch Termen], vom 16. Juni 1989 in Bourges, Frankreich, in: www.oddmusic.com/theremin/theremin_interview_1.html (Aufruf am 10. Oktober 2005).

76 Brief H. Feitis' an Albert Einstein aus dem Jahr 1950, im AEA, Nr. 59-659.

haben, Stalin «durch [seine] Weisheit zu beeindrucken».[77] Oder hatten ihn, von dem die amerikanischen Zeitungen anlässlich seines ersten Konzerts zu melden wussten, er verbitte sich jede Kritik an seinem Geigenspiel, die Anführungszeichen irritiert? Eine Antwort an Feitis ist im Albert-Einstein-Archiv jedenfalls nicht zu finden.

Natürlich trugen nicht alle Briefschreiber Bitten vor – viele drückten ihre Ehrfurcht und Zuneigung aus, indem sie Einstein Noten, ein Buch oder eine Komposition widmeten oder ein Musikinstrument schenkten. Unbekannt ist die Zahl von Geigen, die Einstein vor allem in der zweiten Hälfte der 1920er Jahre geschenkt oder als eine Art Dauerleihgabe von Geigenbauern, -veredlern und -händlern zu freier Verfügung erhalten hat. Die eine oder andere Geige taucht in seiner Korrespondenz auf: als Geschenk des japanischen Geigenbauers Suzuki, des deutschen Geigenbauers Müller, des Geigenveredlers Levin, als «ein besonders schönes Stück aus Frankreich»[78] oder als das gute Instrument, das Einstein dem klavierspielenden jüngeren Sohn in Zürich überlässt. Unbekannt ist, bis auf zwei, drei Einzelfälle, das Schicksal dieser Geigen.

Unklar geblieben ist bisher auch, ob es sich bei der Information, die das *Australian News & Information Bureau* zu einem Schreiben veranlasste, um ein Missverständnis oder eher um einen geschickt lancierten Werbecoup handelte. «Wir hören aus Australien», heisst es da, «dass Sie sich für das Musikinstrument der Aboriginals interessieren, das als Didgeridoo bekannt ist, und dass Sie kürzlich eines zugeschickt bekommen haben.»[79] Kann man sich den 70jährigen Einstein als Didgeridoo-Bläser vorstellen?

Mikroprints der Corelli-Sonaten aus einer Edition des John Walsh um 1700 kamen mit guten Wünschen «für Albert Einstein, der sehr wahrscheinlich nicht weiss, wie viele kleine Jungen nur deswegen ermuntert wurden, sich ihren Weg zum Sieg über die Fiedel zu kratzen, weil Herr Einstein sie ebenfalls spielte».[80] Man darf annehmen, dass der Absender sich zu den Siegern, nicht zu den im Kampf Unterlegenen zählte.

Einen Begleiter für den steilen Weg zum Sieg über die Geige bot, nicht ohne Hintergedanken an einen verkaufsziffernsteigernd zu verwendenden Dankesbrief des hochverehrten Herrn Professors, der Autor der *100 technische[n] Paraphra-*

77 Ebenda.

78 Brief Elsa Einsteins an Hedi Born vom 18. September 1930, im AEA, Nr. 8-279.19.

79 Vgl. Brief E. Bonneys an Albert Einstein vom 29. Dezember 1949, im AEA, Nr. 57-628: «We hear from Australia that you are interested in the aboriginal musical instrument known as the didgeridoo, and that one has recently been sent to you.»

80 Brief W. Warren Roepkes an Albert Einstein, undatiert, im AEA, [ohne Nummer]: «To Albert Einstein who very likely doesn't know how many little boys have been encouraged to ‹scratch› their way to victory on the fiddle just because he, Mr. Einstein, also played it.»

sen über Kreutzer-Etüden zur höchsten Ausbildung der Violintechnik an. Aber wer, der wie Einstein dem Zugriff der Geigenlehrer, «denen die Musik nicht über das Handwerksmässige hinausging», glücklich entronnen ist, wollte dieses Werk begrüssen?[81]

Ein anderer Musikfreund sandte ein Lied mit dem Titel *The Law of Gravity*, zu dessen Komposition ihn möglicherweise eine Äusserung aus Einsteins Feder inspiriert hatte. Auf die Frage, ob, da doch die Erde und die Menschen darauf sich drehten, anzunehmen sei, «dass jemand, wenn er auf dem Kopf – oder vielmehr mit dem Kopf nach unten – steht, sich verliebt und andere verrückte Dinge tut»,[82] hatte Einstein geantwortet: «Sich verlieben ist gar nicht das Dümmste, was der Mensch thut – die Gravitation kann aber nicht dafür verantwortlich gemacht werden.»[83] Dieser Behauptung widersprach Joseph B. Kushner in seinem Lied, in dem ein junger Wissenschaftler der Anziehungskraft eines verführerischen Mädchens nicht widerstehen kann. Ob dies auf Einstein und seine Raumzeit oder doch eher auf Newtons Gesetze zurückzuführen sei, darauf wollte der Komponist sich nicht festlegen.[84]

Etwas näher am Gegenstand bleiben die *Zwei Schweizer Friedenslieder*, die die Verfasserin Erna Jüllig-Broda, offenbar eine frühe Kämpferin für friedliche Kernenergienutzung, Einstein 1947 «in Dankbarkeit für seine Friedensarbeit» überreicht.

Nicht töten, leben wollen wir
Und leben lassen Alle hier,
... Atome nur zertrümmern,
um uns stets höhres Glück zu zimmern:
zum Beispiel jenen Autobus ...

... der, wie es am Anfang des Liedes heisst, nicht mehr mit Benzingestank die Umwelt verschmutzen, sondern, dank friedlicher Kernenergienutzung – dieses Lied entstand 1946! – die Menschen mit zarten Blumendüften erfreuen solle. Die Noten, schon etwas verblasst, finden sich in Einsteins Nachlass, ein Dankesschreiben des Empfängers fehlt.[85]

81 Brief Albert Einsteins an Philipp Frank, [ca. 1940], im AEA, Nr. 123-032.
82 Brief Frank Walls an Albert Einstein vom September 1933, im AEA, Nr. 31-844: «Would it be reasonable to assume that it is while a person is standing on his head – or rather upside down – he falls in love or does other foolish things?»
83 Brief Albert Einsteins an Frank Wall vom September 1933, im AEA, Nr. 31-845.
84 Joseph B. Kusher: *The Law of Gravity*, im AEA, Nr. 60-155.
85 Erna Jüllig-Broda: *Zwei Schweizer Friedenslieder*, im AEA, [ohne Nummer].

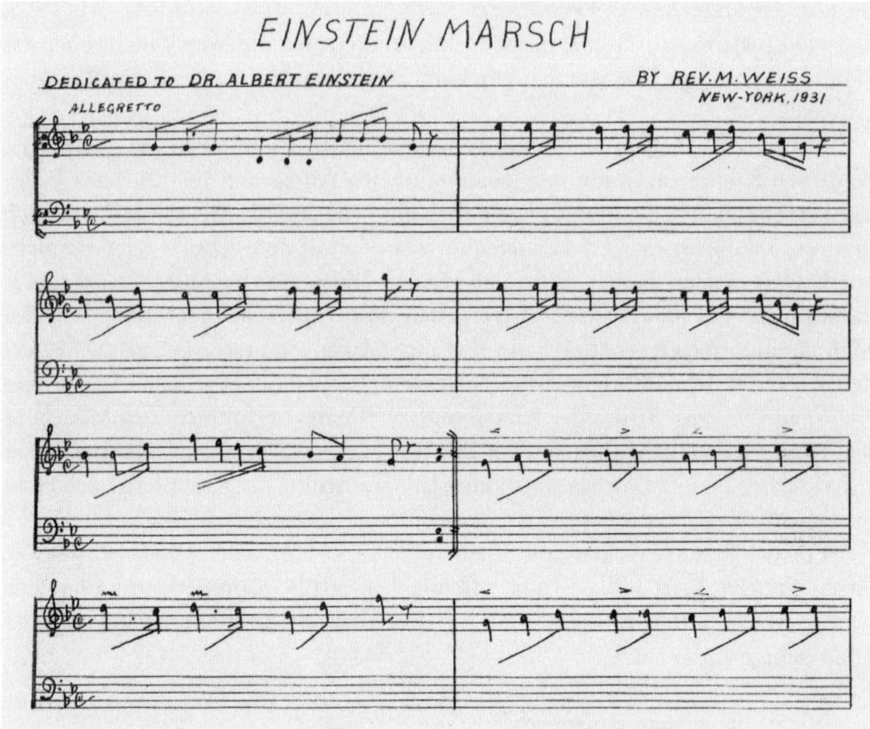

Abbildung 6: Mark Weiss: *Einstein Marsch* (mit freundlicher Genehmigung des Albert-Einstein-Archivs der Hebräischen Universität Jerusalem).

Unter vielen anderen, künstlerisch wertvollen und weniger kunstvollen Gaben ist diejenige des «Reverend Weiss» sicher eine der rührendsten. Dass der Geber Einsteins Geschmack nicht so recht treffen würde, hat er wohl nicht geahnt. «Vor einige Monaten habe ich angeschrieben einen Marsch nach alte Jüdische-Motiven, gewidmet an Ihren Namen mit dem titel ‹Einstein Marsch›» (siehe Abbildung 6). Die kleine Handschrift hätte er Einstein gerne persönlich überreicht, «nur aber wie ich weiss lieben Sie nicht wenn man Ihnen belästigt», und sandte sie deshalb per Post. Der glücklichste Moment in seinem Leben werde es sein, «wenn Sie dass werden von meiner wenigkeit annehmen als Ausdruck von meine Gefühlen und bewunderung zur Euer hochgeschätzte Person».[86] Der Hochgeschätzte hatte seine Ansicht über Märsche kaum ein Jahr zuvor zu Papier gebracht: «Wenn einer mit

86 Brief von Mark Weiss an Albert Einstein vom 15. April 1931, im AEA, Nr. 31-823.

Vergnügen in Reih und Glied zu einer Musik marschieren kann, dann verachte ich ihn schon; er hat sein grosses Gehirn nur aus Irrtum bekommen, da für ihn das Rückenmark schon völlig genügen würde.»[87]

Tief betroffen von solch einem Verdikt, meldete sich viele Jahre später ein junger Musiklehrer aus einer Kleinstadt in Minnesota bei Einstein. Natürlich habe jeder Mann und jede Frau in diesem Land das Recht, sich frei zu äussern, und Einstein habe das ja zu vielen Themen in bewundernswerter Weise getan. Was er da aber über das Marschieren sage, könne nicht unwidersprochen bleiben. «Ich bin der Überzeugung, dass ein marching unit eine hervorragende Sache für Jung und Alt ist, eine gute Gelegenheit, seinen Gefühlen Luft zu machen» und vor allem: «Ich versichere Ihnen, Sir, dass man Grips benötigt, um in einem marching unit ordentliche Arbeit zu leisten.» Zum Beweis führt er an, dass er seit seinen Junior-High-School-Tagen in ‹marching units› marschiert sei, zum Beispiel vor dem ehemaligen und vor dem derzeitigen Präsidenten, «und ich halte mich selbst weder für hirnlos, noch für ausserstande, meinen Verstand zu nutzen».[88] Einsteins Antwort dürfte ihn kaum befriedigt haben. Wie schon zwei Jahrzehnte zuvor, bestätigt zudem durch einen Zweiten Weltkrieg, sah er noch immer im Marschieren zu Marschmusik «ein Mittel, den Körper wachzuhalten und den Verstand einzuschläfern. Es war dies immer eine der wirksamsten Methoden, die Menschen dazu zu verleiten, einander abzuschlachten und, unbehindert von der Stimme des Gewissens, die entsetzlichsten Verbrechen zu begehen.»[89]

IV.

Einsteins Ohr – oder wohl eher sein Gemüt – war empfänglich für die Harmonien der italienischen Barockmusik, für die klare Gliederung von Bachs Kompositionen und Mozarts melodischen Reichtum, nicht aber für Schönbergs musikalischen Egalitarismus, nicht für Weills kämpferische Klänge, nicht für die Dramatik in Beethovens späteren und in Wagners Werken. Der Empfang, den ihm der Burgermeister von San Diego 1930 «mit Orgelmusik (Wacht am Rhein!)» bereitete,[90] dürfte ihn wenig froh gestimmt haben.

87 Albert Einstein: Wie ich die Welt sehe, u.a. In: Albert Einstein: *Mein Weltbild.* Amsterdam: Querido, 1934.

88 Brief Donald Saunders' an Albert Einstein vom 25. Oktober 1950, im AEA, Nr. 61-239: «I feel that a marching unit is a fine thing for both young and old […] a good outlet for emotions.» «I assure you, sir, that it takes brains to do a good job in a marching unit.» «I do not consider myself without brains or the ability to use them.»

89 Brief Albert Einsteins an Donald Saunders vom 28. Oktober 1950, im AEA, Nr. 61-240: «[…] a means for keeping the individual's body awake and his mind asleep. It was always one of the most efficiant means to induce people to slaughter each other and in general to commit the most horrible crimes undisturbed by the voice of conscience.»

90 Albert Einstein: [Reisetagebücher, Eintrag vom 30. Dezember 1930], im AEA, Nr. 29-134.

Wie die Physik war auch die Musik Bestandteil von Einsteins Leben, unentbehrlich nicht nur als Hilfe zum Entspannen, zum ‹Abschalten› von der komplizierten Gedankenarbeit; unentbehrlich auch als Medium, das es ihm erlaubte, Gefühle zu erleben und auszudrücken, gegen die sein Verstand Barrieren aufgebaut hatte; unentbehrlich als Vermittler zwischen dem ‹Einspänner› und den Mitmenschen, von denen er sich oft wie durch eine Glaswand getrennt empfand. Die meisten seiner Zeitgenossen erkannten in Einstein nicht nur den weltabgewandten Wissenschaftler, sondern in gleichem Masse auch den Künstler, dem sie sich zuwenden konnten, und sie taten das ohne grosse Hemmungen. Wenn Einstein gegen Ende seines Lebens seinem geigespielenden Enkel gesteht: «Ich kann mir mein eigenes Leben ohne Musizieren überhaupt nicht denken und habe in allen schweren Stunden (und auch in frohen) so gut mit mir und der Welt fertig werden können, weil ich stets diese Zuflucht gehabt habe, die einen frei und unabhängig macht»,[91] dann hat er wohl gerne übersehen, dass er sich mit der Musik in eine Gesellschaft eingefügt hat, deren Teil zu sein ihm sieben Jahrzehnte lang zuwider war.

91 Brief Albert Einsteins an seinen Enkel Bernhard, [um 1945], im AEA, Nr. 75-898.

Montage – Zyklus – Klangsymbol

Einstein-Kompositionen von Paul Dessau, Philip Glass und Dirk D'Ase

Arnold Jacobshagen

Als Titelfigur musikalischer Bühnenwerke ist Albert Einstein unter den Persönlichkeiten der jüngeren Geschichte besonders prominent vertreten. Den drei einschlägigen Einstein-Kompositionen von Paul Dessau (1974), Philip Glass (1976) und Dirk D'Ase (2004) wurde im Jubiläumsjahr 2005 darüber hinaus noch eine von den Veranstaltern als solche bezeichnete «Cross-Media-Oper» an die Seite gestellt: *C – the speed of light* von Christian Steinhäuser und Mathias Baumhof. In einem eigens für diesen Anlass im Berliner Stadtzentrum errichteten Kugelzelt von 20 Metern Höhe inszenierte die Berliner Künstlerkompanie *phase7 performing arts* im Auftrag des Bundesministeriums für Bildung und Forschung ein Multimediaspektakel mit dem Anspruch, Albert Einsteins Visionen und Erkenntnisse über Licht und Raum musikdramatisch zu vergegenwärtigen. Als Bühnenbild diente eine mit 3-D-Animationen ausgestattete 360°-Rundum-Videoprojektion. Die musikalische Grundlage für drei Gesangssolisten – darunter die Stimmakrobatin Olga Szwajgier – lieferte ein ‹virtuelles› Orchester: Mit elektronischen Klängen versetzt, wurde der zuvor komplett eingespielte Orchesterpart auf die Bühne projiziert. Jedenfalls erschien den Aufraggebern und Veranstaltern die Verbindung eines publikumswirksamen Cross-over- und Cross-Media-Spektakels mit dem aktuellen Trend zur Biographieoper als zeitgemässe Form eines festlichen Musiktheaters aus Anlass des einhundertsten Geburtstags der Relativitätstheorie und zugleich des fünfzigsten Todestages ihres Begründers. Hingegen ist davon auszugehen, dass Einstein selbst von dieser Art der postumen Ehrung nur wenig gehalten hätte, stand er doch generell der Oper und dem Theater skeptisch gegenüber – eine Skepsis, von der nicht nur diese, sondern auch die drei älteren Einstein-Opern betroffen gewesen wären. Dessenungeachtet sollen im folgenden die drei Bühnenwerke von Paul Dessau, Philip Glass und Dirk D'Ase hinsichtlich ausgewählter Aspekte der dramaturgischen Behandlung der Figur Albert Einstein sowie der hierbei verwendeten kompositorischen Mittel vergleichend betrachtet werden.

I.

Die Entstehung der ersten Einstein-Oper lässt sich bis ins Jahr 1955 zurückverfolgen. Paul Dessau, der übrigens schon in seiner Jugend grosse Bewunderung für Albert Einstein gehegt und dem Physiker zum 50. Geburtstag 1929 die Violinumschrift des zweiten Satzes seiner *Sonatine für Bratsche und Klavier* gewidmet hatte,[1] befand sich zum Zeitpunkt von Einsteins Tod am 18. April 1955 gerade in der Berliner Charité, wo er wegen einer Typhuserkrankung behandelt wurde. Dort las er in der Zeitung einen Nekrolog auf Einstein, der ihn nach eigener Aussage sogleich zu einem Opernstoff inspirierte.[2] Während seiner anschliessenden Rekonvaleszenz in Frankreich verfasste Dessau denn auch einen ersten, nur wenige Szenen umfassenden Librettoentwurf.[3] Von diesem Zeitpunkt bis zur Uraufführung der Oper sollten freilich fast zwei Jahrzehnte vergehen. Hatte Dessau in der ersten Skizze noch den Titel *Alle Menschen werden Brüder* vorgesehen, so ersetzte er ihn bereits im zweiten Entwurf durch *Das gelobte Land*.[4] Nach dem Tode Bertolt Brechts, mit dem der Komponist das Projekt ausführlich besprochen hatte, reichte Dessau die vorliegenden Materialien an den Ost-Berliner Lyriker und Dramatiker Karl Mickel weiter, der daraus in den Jahren 1964/65 ein eigenes Libretto gestalten sollte – diesmal unter dem Titel *Die grosse Formel*.[5] Zwischenzeitlich ruhte die Arbeit am Einstein-Projekt erneut für einige Jahre, ehe Dessau von 1971 bis 1973 die Vertonung des inzwischen von Mickel abgeschlossenen Textbuches vornahm. In der Inszenierung von Ruth Berghaus – Gattin des Komponisten und Widmungsträgerin der Oper – fand die Uraufführung von *Einstein* am 16. Februar 1974 an der Berliner Staatsoper statt.

Im Vorwort zum Libretto hat Mickel seinen Blick auf Einstein deutlich umrissen: «Dass man eine Wissenschaft mit einem grossen Gelehrten identifiziert, der gutherzig bis zur Missbrauchbarkeit, einfach bis zur Kauzigkeit und daher

1 Vgl. Daniela Reinhold (Hrsg.): *Paul Dessau 1894–1979. Dokumente zu Leben und Werk*. Berlin: Henschel, 1995, Nr. 215, S. 143.

2 «Was mich am Einsteinstoff von Anbeginn fesselte, war die grosse Person dieses Mannes. Das kann man überhaupt nicht in einem Satz sagen. Er war eines der grössten Genies unseres Jahrhunderts, der grösste Physiker seit Newton, eine umwälzende Erscheinung. Was mich an seinem Nekrolog, den ich auf dem Krankenbett las, faszinierte – ich kannte ihn ja vorher nicht, ausser dass ich ihn mal begrüsste, und hatte nicht ein Buch von ihm gelesen –, war sein Schicksal, so ein grosser Mann zu sein und sein Vaterland verlassen zu müssen. Er musste gewissermassen doch leiden an seiner Grösse, indem seine Formel, die Ausgeburt seiner Phantasie, sein Heimatland in die Lage hätte versetzen können, die Erde in die Luft zu sprengen. Er hatte eine ungeheure Verantwortung zu tragen, wie es wohl selten bei einem Menschen vorkommt.» Paul Dessau: *Aus Gesprächen. Erschienen anlässlich des 80. Geburtstags von Paul Dessau*. Leipzig: Deutscher Verlag für Musik, 1974, S. 84. Anfang Mai schrieb Dessau an René Leibowitz: «Hab im Hospital einen Opernstoff geboren, den [ich] selbst schreiben will.» Dessaus Briefe an Leibowitz sind ediert in Paul Dessau: *«Let's hope for the best». Briefe und Notizbücher aus den Jahren 1948 bis 1978* (Archive zur Musik des 20. Jahrhunderts 5). Hrsg. von Daniela Reinhold, übersetzt von Heribert Heinrich. Hofheim: Wolke, 2000, S. 38f.

3 Vgl. Werner Otto: Das Ideal einer anderen Welt. Zum Entwurf einer Einstein-Oper von Paul Dessau aus dem Jahre 1955. In: *Theater der Zeit* 29 (1974), H. 3, S. 5f.

4 Vgl. Inventar der Musikautographie im Paul-Dessau-Archiv in: Dessau: *«Let's hope for the best»* (wie Anm. 2), S. 145.

5 Ebenda, S. 147f.; siehe auch Notizbuch (1961–1977), ebenda, S. 86: «Karl bringt 7 Auftritte von ‹Die grosse Formel›. Ungeheuer erfreulich + auch komponierbar. Ein zuversichtliches Beginnen.»

populär war: das hat auch seine Gefahren, denn dieser Mann war bürgerlicher Humanist. [...] Unsere Oper richtet sich gegen die klassenindifferente Auffassung von Humanismus. Das Leben Einsteins von den dreissiger bis zu den vierziger Jahren ist der rote Faden der Handlung, ohne dass die Fabel der Biografie Zug um Zug folgte. Die menschliche Tragödie des Protagonisten besteht darin, dass er aus dem bürgerlichen Bewusstsein nicht heraustritt, die imperialistische Welt nicht verlässt und innerhalb des bürgerlichen Bewusstseins, gegen die imperialistische Realität, den Humanismus zu bewahren trachtet; dazu ist dauernde, die Kraft des Einzelnen erschöpfende Anstrengung nötig. Trotz enormer Leistungen und besten Wollens kommt es zu Fehlhaltungen mit fürchterlichen Folgen. – Einstein gab, mit seinem Brief an Roosevelt [...], den Anstoss zur militärischen Nutzung der Kernenergie; dieser Schritt richtete sich gegen die faschistische Barbarei der Deutschen und führte die amerikanischen Imperialisten zur Atombombe. Der Imperialismus gebiert den Faschismus; um den Barbaren zu bekämpfen, wird die Mutter des Barbaren bewaffnet. Innerhalb des bürgerlichen Bewusstseins erzeugt das einen Konflikt, der die Seele des Humanisten zerreissen muss. Und der alte Einstein zieht die, wieder bürgerliche Konsequenz: er vernichtet seine neuen Forschungen.»[6]

Der Versuch, die Kritik am deutschen Faschismus, amerikanischen Imperialismus und überhaupt an der bürgerlichen Ideologie in ein einziges Werk zu zwingen, spiegelt sich in der komplexen Zusammensetzung der Oper mit ihren unterschiedlichen Handlungs- und Metaebenen («Oper in drei Akten, einem Prolog, zwei Intermezzi und einem Epilog»). Vor dem Hintergrund der explizit gesellschaftskritischen Stossrichtung ist zudem die Parabelfunktion des Stückes zu verstehen. So hat das in den Intermezzi auftretende Krokodil sowohl den Nationalsozialismus als auch den Imperialismus zu verkörpern, wenn ihm Hans Wurst als Personifikation des Volkes gleich zweimal in einer Hinrichtung zum Frass vorgeworfen wird.[7] Doch während Hans Wurst im ersten Zwischenspiel – nach der Szene im «Führorr-Hauptquartier» – das Krokodil mit einem Witz so sehr zum Lachen bringt, dass er fliehen kann, bleibt dieser Trick im zweiten Intermezzo wirkungslos: Unmittelbar nach dem Abwurf der Atombombe auf Hiroshima wird die Exekution vollzogen.

Nicht minder deutlich wird die ideologische Stossrichtung des Werkes bereits im Prolog ausgesprochen. Im Konflikt zwischen den eigenen humanistischen Idealen und der militärischen Nutzung seiner Erkenntnisse bestehe Einsteins Tragik

6 Librettoabdruck in: *Theater der Zeit* 29 (1974), H. 5, S. 55.

7 «Es sind zwei Variationen der gleichen Situation gegeben, um auch auf der allegorischen Ebene die Wesensgleichheit von Faschismus und Imperialismus (das gleiche menschenfressende Krokodil) deutlich zu machen.» Ebenda, S. 56.

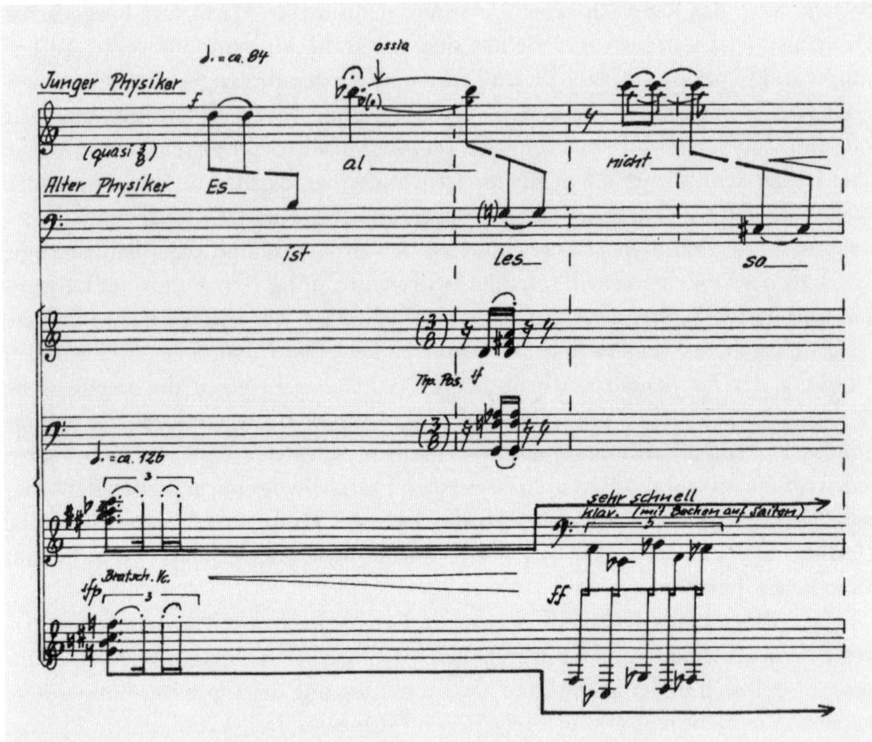

Notenbeispiel 1: Paul Dessau: *Einstein,* 1. Akt, 4. Szene, Ziffer 26 (Klavierauszug Bote & Bock, Berlin 1973, S. 35).

darin, dass er sich als «Menschenfreund im Bund mit aller Menschheit Feinde» befand, wobei mit «aller Menschheit Feinde» nunmehr ausschliesslich die USA gemeint sind. Dessau selbst war der Vorwurf einer verfälschenden Darstellung der historischen Gestalt Albert Einstein «völlig gleichgültig, denn ich wollte doch kein biographisches Stück schreiben, sondern ein Zeitstück über die Entwicklung unseres technischen Zeitalters, in dem dieser grosse Mann eingebettet steht mit anderen Physikern und Begebenheiten um ihn herum, wie etwa der zweite Weltkrieg, Hiroshima und die erste Bombe, wenn er sie doch nicht fabriziert hat, so doch durch seine Erfindung. Es geht mir nur um das menschliche Problem dieser grossen Figur, die ungeheuer dramatisch ist bei allem Humor, den Einstein hatte.»[8] Dessau knüpfte mit seiner Oper erklärtermassen an die Tradition des ‹Zeitstücks› an

8 Dessau: *Aus Gesprächen* (wie Anm. 2), S. 85.

und damit an eine Gattung, deren musikgeschichtlicher Höhepunkt bereits einige Jahrzehnte zurücklag. Da der Komponist aber intendierte, das Musiktheater als politische Bühne zu nutzen, drängte sich der Griff zu einer Opernform, die sich primär über die Bezugnahme auf eine gegenwärtige Lebenswelt definierte, förmlich auf.[9] Schliesslich hatten ein Weill oder Krenek das Musiktheater bereits in den 1920er Jahren zu einem künstlerischen Mittel dafür umgedeutet, Stellung zur ‹Aussenwelt› zu beziehen – eine ‹Aussenwelt›, die durch symbolische Versatzstücke Eingang in die Komposition fand.[10] Handelte es sich bei den gegenwartsbezogenen Symbolen der älteren ‹Zeitopern› um Grammophone, Fotografien oder Anklänge an die damalige Jazz- und Tanzmusik, fand Dessau ein aktuelleres Sinnbild für das Dilemma seiner Zeit: Albert Einstein.

In diesem Sinne steht nicht der konkrete Mensch Albert Einstein im Zentrum der Komposition, sondern die abstrakte Frage nach der politischen Verantwortung des modernen Wissenschaftlers. Die Zwiespältigkeit des ‹Symbols› Einstein wird in Dessaus Oper dadurch betont, dass ihm zwei namenlose Physiker (ein junger und ein alter) zur Seite gestellt werden, die – obwohl von gleichen Voraussetzungen ausgehend – gegensätzliche Verhaltensweisen verkörpern, nämlich Widerstand einerseits und Anpassung andererseits. Dass die beiden Wissenschaftler zwei Seiten desselben Phänomens repräsentieren sollen, offenbart sich beispielsweise in der vierten Szene des ersten Aktes, wenn sie gemeinsam einen einzigen, silbenweise alternierenden Text artikulieren – eine Art der Sprachbehandlung, die an zahlreichen Stellen des Werkes wiederkehrt.

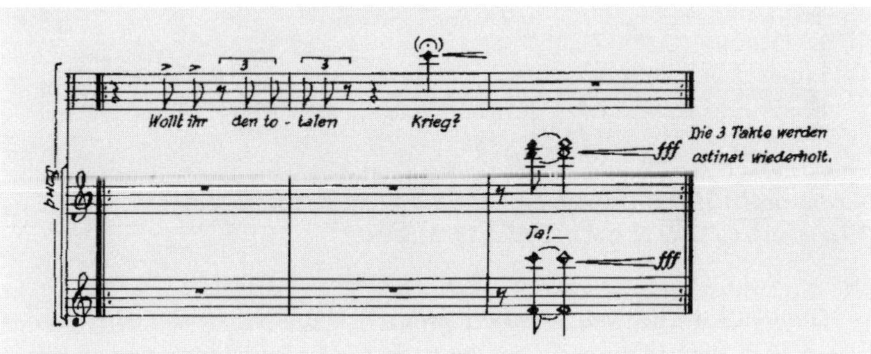

Notenbeispiel 2: Paul Dessau: *Einstein,* 1. Akt, 7. Szene, nach Ziffer 56 (Klavierauszug Bote & Bock, Berlin 1973, S. 67).

9 Vgl. Nils Grosch: *Die Musik der Neuen Sachlichkeit.* Stuttgart/Weimar: Metzler, 1999.
10 Vgl. ebenda, S. 2–8.

Notenbeispiel 3: Paul Dessau: *Einstein,* 1. Akt, 3. Szene, vor Ziffer 19 (Klavierauszug Bote & Bock, Berlin 1973, S. 24).

Die musikalische Anlage basiert primär auf drei scharf kontrastierenden Klangwelten, die sich durchaus auf die traditionellen musikdramatischen Funktionszusammenhänge der Gattung Oper zurückführen lassen. Tatsächlich entfaltet sich das eigentliche Drama hauptsächlich in einem rezitativähnlichen Sprechgesang im Wechsel mit formal gebundenen Partien, von denen etliche mit Bandeinspielungen oder Orchesterbearbeitungen zumeist Bachscher Kompositionen grundiert werden und so ihre formale Geschlossenheit aus dem jeweiligen Modell beziehen. Hinzu kommt als dritte Klangebene die ‹Spielmusik› der Intermezzi.[11] Mit den unterschiedlichen Formteilen korrespondieren die wechselnden Besetzungsvorgaben: Das um zwei Konzertflügel bereicherte Hauptorchester mit charakteristischer Bläserbesetzung (vier Flöten, vier Trompeten, drei Posaunen) verzichtet vollständig auf Violinen, Oboen, Klarinetten und Hörner. Eigentümlich ist somit ein perkussiver, blech- und basslastiger Orchesterklang, den Dessau in vergleichbarer Weise bereits für seine erste Oper, *Die Verurteilung des Lukullus* (1951), verwendet hatte. Im Gegensatz dazu präsentiert die Instrumentation der Intermezzi und des Epilogs weitgehend die Standards der Wiener Klassik mit zweifach besetzten Bläsern, jedoch ergänzt durch Bassklarinette und Martinshorn.

Eine explizite Anknüpfung an die Tradition des ‹Zeitstückes› beziehungsweise der ‹Zeitoper› offenbart sich nicht zuletzt in der Integration moderner Medien, wie etwa den Bandeinspielungen von Unterhaltungsmusik und Radiosendungen. Als

Notenbeispiel 4: Paul Dessau: *Einstein*, 2. Akt, 8. Szene, Ziffern 161a–162.

11 Vgl. Gerd Rienäcker: Hanswurstiaden am Abgrund. Notizen zu den Intermezzi der Oper «Einstein» von Carl Mickel und Paul Dessau. In: Christoph-Hellmut Mahling und Kristina Pfarr (Hrsg.): *Musiktheater im Spannungsfeld zwischen Tradition und Experiment (1960 bis 1980)*. Tutzing: Hans Schneider, 2002, S. 221–228.

besonders auffälliges Beispiel hierfür lässt sich der ostinat wiederholte Ausschnitt aus Goebbels' Aufruf zum «totalen Krieg» anführen, der dem Vokal- und Orchestersatz montageartig hinzugefügt ist.

In einem gleichsam umgekehrten Montageverfahren liefern komplette, vom Band eingespielte Tonsätze die musikalische Substanz, denen fragmentarische Vokal- und Orchestereinwürfe gegenübergestellt werden, wie etwa in der dritten Szene des ersten Aktes. Dort wird die Wohnung Einsteins, der nach der Machtergreifung durch die Nationalsozialisten nicht mehr nach Deutschland zurückgekehrt war, von SA-Angehörigen zertrümmert. Die musikalische Kontrastdramaturgie basiert auf denkbar einfachen Mitteln, die sich als ausserordentlich wirkungsvoll erweisen. Vom Tonband erklingt hierbei das Orgelpräludium d-Moll BWV 538 (die sogenannte ‹dorische Toccata›), das – angesichts der szenisch dargestellten und musikalisch zunächst nur durch rhythmisch fixierten Sprechgesang artikulierten SA-Barbarei – offenbar die Unzerstörbarkeit der grossen Geistesschöpfungen symbolisieren soll. Dass die Verwendung von Bachs Kompositionen in Dessaus ‹Zeitstück› stark symbolisch behaftet ist, liegt auf der Hand, und dies um so mehr, als die Toccata ausgerechnet über das zeitoperntypische Medium des Tonbands eingespielt wird: Aus unerreichbarer Ferne erklingt mit Bachs Musik der Inbegriff einer gleichsam göttlichen Harmonie. Die Toccata überdauert in dieser Szene buchstäblich nicht nur die Aggressionen der SA, sondern auch den gleichzeitig erklingenden Choral *Vom Himmel hoch, da komm ich her*, der äusserst dissonant gesetzt und mit Pikkoloflöten, Blechbläsern und Pauken schrill lärmend instrumentiert ist.

Die symbolische Identifikation Einsteins mit Bach setzt sich in der unmittelbar nachfolgenden Szene fort, die den Physiker nachts allein auf einem freien Feld zeigt. Hier erklingt nun das Orgelpräludium c-Moll BWV 537 in einem Arrangement für drei Flöten, dem schliesslich der Baritonmonolog Einsteins hinzumontiert wird. Der häufige Rekurs auf Bach war für Dessau eine entscheidende Hilfe dabei, das jahrzehntelang bearbeitete Projekt zu einem Abschluss zu bringen: «Ursprünglich habe ich geglaubt, dass ich überhaupt nicht in der Lage bin, diesen Stoff zu komponieren. Wer kann einem da helfen, besser als Bach? Ich war auch gerade mit Bach so beschäftigt, dass ich das wirklich nahe liegend sah.»[12] Zugleich «liess sich Einsteins humane Grösse ganz gewiss nur mit dem ihm eigenen gehobenen Duktus ausdrücken», für die Bachs Musik eine symbolische Entsprechung bot.[13]

12 *Material zum Theater* 97 (1974), H. 21, S. 51.

13 Ernst Krause: Rebellion und Dialektik. Paul Dessaus Musiktheater-Werke zum 80. Geburtstag des Komponisten. In: Horst Seeger (Hrsg.): *Musikbühne 74. Probleme und Informationen.* Berlin: Henschel, 1974, S. 63.

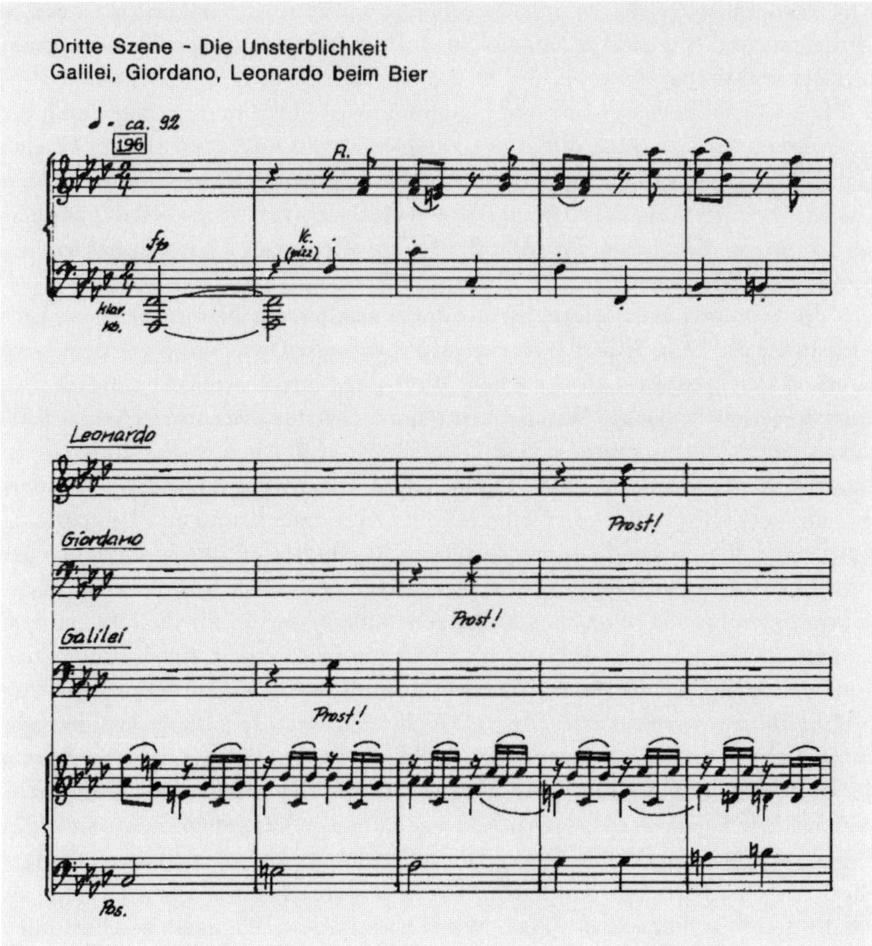

Notenbeispiel 5: Paul Dessau: *Einstein*, 3. Akt, 3. Szene, Ziffer 196.

Eine Tonbandeinspielung ganz anderer Art als jene der ‹dorischen Toccata› geht dem Abwurf der Atombombe über Hiroshima im zweiten Akt voraus, wenn die Partitur lediglich «moderne Schlager ad libitum» vorschreibt. Hier handelt es sich um ein drittes Montageverfahren, bei dem heterogenes Material nicht gleichzeitig übereinandergeschichtet, sondern in einer fragmentierten Sukzession, analog dem filmischen Schnitt, zusammengestellt ist. Nach dem Countdown verfinstert sich die Sonne, und auch im Theaterraum herrscht absolute Dunkelheit, so dass der anschliessende, vollständig vom Band erklingende Doppelchor mit drei

Knabensopransoli – die in imitatorischer Stimmführung der zerstörten Städte Hiroshima und Nagasaki gedenken – aus aufführungspraktischen Gründen kaum szenisch realisierbar wäre.

Die Chronologie der äusseren Handlung wird überdies nicht nur durch die Intermezzi, sondern auch durch das Erscheinen von Giordano Bruno, Galileo Galilei und Leonardo da Vinci aufgebrochen. In einer als «Die Unsterblichkeit: Galilei, Giordano, Leonardo beim Bier» überschriebenen Szene soll das am Beispiel Einsteins behandelte Problem der Verantwortung des Wissenschaftlers gegenüber der Menschheit in eine historische Perspektive gerückt werden.[14] Dass sich der Librettist Karl Mickel hierbei dreier schillernder Namen bediente, ist – ebenso wie die Wahl Albert Einsteins als Protagonist – wiederum vor dem Hintergrund der ‹Zeitoper› zu verstehen: Wegen des intendierten Kommentars zu einer aussermusikalischen Wirklichkeit muss die ‹zeitoperntypische› Symbolhaftigkeit von geradezu aufdringlicher Deutlichkeit sein. Auch war es durchaus im Interesse des Librettisten – und entsprach der Gattungsidee der ‹Zeitoper› –, dass sich die Verweisfunktion von Galileo Galilei, Giordano Bruno und Leonardo da Vinci nicht allein auf den wissenschaftlichen Aspekt beschränkt, sondern sich gar auf die barocke Opernkonvention beziehen lässt. Schliesslich sollten die Wirklichkeitsbezüge über die reine Handlungsebene hinaus sowohl für die Dramaturgie als auch für die musikalische Ebene fruchtbar gemacht werden. «Ich brauche einen Punkt ausserhalb des Stücks, von dem ich den Stoff als Kunstform betrachten kann. Im Fall *Einstein* waren es zwei Dinge. Das eine war: eine Oper dieses Typs braucht eine Götterebene, dafür standen dann die drei Physiker, Galilei, Giordano Bruno, da Vinci; drei verschiedene Typen übrigens, so wie die olympischen Götter sehr verschiedene Typen waren, das Vorbild war dann die Götterebene in Monteverdis *Popeja* [sic!], das war der eine Punkt. Der andere Punkt, komplementär zur Götterebene musste ich die Burleske haben, als erstes hatte ich den Hans Wurst, und als ich die drei Physiker und den Hans Wurst hatte, wusste ich, dass zwischen ihnen Einstein gedeihen kann.»[15]

In ihrer ironisch gebrochenen Repräsentation unsterblichen Geistes erhielt die ‹Götter›-Szene ein Bach-Arrangement für Flötentrio, hier nun des Präludiums f-Moll BWV 881 aus dem zweiten Teil des *Wohltemperierten Klaviers.* Dass Dessau erneut diese Besetzung gewählt hat, verstärkt ihre symbolische Qualität,

14 Dass sie dies «im Himmel» ausgerechnet «beim Bier» tun und auf die Frage «Was ist Wahrheit?» mit «Bier» und Gelächter antworten, veranlasste Anna Seghers zu der Nachfrage bei Dessau, «weshalb die 3 Wissenschaftler (Galilei, Giordano + da Vinci) nicht Wein trinken! Es wären doch Italiener». Seghers verspürte nach der Premiere der Oper «kein grosses Verlangen», den Autor des Librettos kennenzulernen. Ebenda, S. 119.

15 Zitat Karl Mickel in Stefan Amzoll: Die Oper singt, wo das gemeine Leben schweigt. In: *Freitag. Die Ost-West-Wochenzeitung* (2005), H. 32, S. 13.

ist zugleich aber auch als Folge einer Orchestrierung zu verstehen, die ausser den vier Flöten keine weiteren Sopraninstrumente vorsieht.

Im Rekurs auf herausragende Naturforscher des 16. Jahrhunderts gehen Mickel und Dessau aber nicht nur über die Grenzen der ironischen Brechung hinaus, sondern lassen vor allem ein weiteres Mal erkennen, dass der Einstein dieser Oper letztlich kaum mehr ist als eine Puppe in einem naturwissenschaftlich gewendeten Welttheater. Da aber die Opernfigur Einstein als übergeordnetes Symbol für die Gefahren einer technisierten Welt in das ‹Zeitstück› eingeführt worden ist, trifft das triste Schicksal nicht nur einen einzelnen: Die hehre Wissenschaft fällt als Ganzes den Mechanismen der bürgerlichen Gesellschaft zum Opfer.

II.

Nur zwei Jahre nach der Premiere von Dessaus Oper wurde auf dem Festival von Avignon im Sommer 1976 *Einstein on the Beach* uraufgeführt. Der sensationelle Erfolg von Robert Wilsons Theaterproduktion bescherte dem Komponisten Philip Glass und dessen Tonsprache den internationalen Durchbruch. Noch heute polarisiert dieser Stil die Kritik, wovon polemische Schlagworte wie «Rolltreppenmusik», «Klangwetterlage», «Alt-Glass-Recycling» oder – in unserem Zusammenhang von besonderem Interesse – «Teilchen-Musik» ein deutliches Zeugnis ablegen.[16] In jedem Fall muss diese «Teilchen-Musik» im Kontext des Theaterereignisses gesehen werden, für das sie geschrieben wurde. Auf Robert Wilsons Bildertheater und dessen überaus wirkungsmächtige Ästhetik in grundsätzlicher Weise einzugehen würde den gegebenen Rahmen zwar sprengen.[17] Einige Tendenzen, wie sie etwa in Hans Thies Lehmanns Studie über das «Postdramatische Theater» gerade am Beispiel Wilsons analysiert werden, seien hier jedoch zumindest erwähnt, insofern sie für das Verständnis der Musik in *Einstein on the Beach* von Bedeutung sind.[18] An erster Stelle wären hier die Prinzipien der Autonomisierung und Dehierarchisierung der theatralischen Zeichensysteme zu nennen. Die eingesetzten szenischen Mittel stehen nicht im Dienste einer linearen dramatischen Handlung, und die Kategorien von Mimesis, Narration und Figuration treten zugunsten einer nichthierarchischen Konfiguration autonomer Kunstformen in den Hintergrund. Dabei stellen die Akteure nicht eine Rolle dar, erscheinen sie doch ausschliesslich als selbstreferentielle Performer. Zugleich gibt es keine Dialoge,

16 Vgl. Wolf Loeckle: Art. ‹Philip Glass›. In: Attila Csampai und Dietmar Holland (Hrsg.): *Opernführer.* Hamburg: Hoffmann und Campe, 1989, S. 1288f.

17 Zu Wilson siehe u.a. Arthur Holmberg: *The Theatre of Robert Wilson.* Cambridge 1998, sowie Holm Keller: *Robert Wilson.* Frankfurt am Main: Fischer, 1997.

18 Vgl. Hans Thies Lehmann: *Postdramatisches Theater.* Frankfurt am Main: Verlag der Autoren, 1999.

Notenbeispiel 6: Robert Wilson/Philip Glass: *Einstein on the Beach,* I. Akt, 1. Szene, Ziffern 1–3 (Partitur Theodore Presser Music Publishers, Bryn Mawr, Pennsylvania, o.J., S. 5).

keine zwischenmenschliche Kommunikation mehr, sondern nur noch Monologe – beziehungsweise Soli einzelner Akteure – und Chöre. Weiterhin sind die Nähe zum Ritual, die Simultaneität heterogener szenischer Abläufe und die betonte Körperlichkeit eines ‹Bewegungstheaters› als Stichworte zu nennen.

In diesem Rahmen ist denn auch die Funktion einer im postdramatischen Theater angesiedelten Musik zu sehen, einer Musik, die eine vergleichsweise geringe strukturelle Dichte aufweist und bewusst auf Entwicklungsprozesse verzichtet. Auch lässt sie mithin keine narrativen oder linear-dramatischen Strukturen erfahrbar werden, weshalb sie den anderen Theatermitteln eine ungehinderte Entfaltung erlaubt. ‹Dehierarchisierung› bedeutet im postdramatischen Theater zudem, dass keineswegs ein literarischer Text den Ausgangspunkt für die szenische Arbeit bilden muss. Der Entstehungsprozess von *Einstein on the Beach* veranschaulicht dies in beeindruckender Weise: Wilson und Glass einigten sich zunächst auf einen Gesamtumfang des Stückes (4 Stunden und 48 Minuten, was für Wilsons damalige Verhältnisse ausgesprochen kurz war), sodann auf die Strukturierung des Ablaufes. Insgesamt sieht die Konstruktion fünfzehn Abschnitte vor, die sich auf einen Prolog, fünf sogenannte ‹Knee-Plays› und vier Akte mit insge-

Notenbeispiel 7: Robert Wilson/Philip Glass: *Einstein on the Beach,* II. Akt, 1. Szene, Ziffern 1–2 (Partitur Theodore Presser Music Publishers, Bryn Mawr, Pennsylvania, o.J., S. 64).

samt neun Bildern verteilen. Diese neun Bilder sind ihrerseits zu drei Zyklen mit wiederkehrenden Motiven (Zug, Gericht, Feld) zusammengefasst, denen entsprechend überschriebene musikalische Abschnitte zugeordnet werden. Während die drei ersten Akte jeweils nur aus zwei Bildern bestehen, enthält der letzte deren drei, und dies in veränderter Form: Der Zug wird zum Gebäude, das Gericht zum Bett, das freie Feld zum Raumschiff. Zusätzlich unterschieden werden die einzelnen Teile durch drei «Einstellungsgrössen», je nachdem, in welchem Abschnitt der Bühne die Aktion stattfindet – der Regisseur sprach hierbei von «portrait», «still life» und «landscape».[19]

Wilson arbeitete zunächst die Bühnenentwürfe aus, worauf Glass eine nahezu ‹sprachlose› Musik komponierte. Für die gesungenen Partien werden ausschliesslich zwei Arten von Textbausteinen verwendet, nämlich zum einen die Solmisationssilben *Do, Re, Mi, Fa, Sol, La, Si* und zum anderen die Ziffern *one, two, three, four, five, six, seven, eight.* Erst nachträglich wurden einzelne Musiknummern mit

19 Vgl. David Cunningham: Einstein on the Beach. In: Richard Kostelanetz (Hrsg.): *Writings on Glass. Essays, Interviews, Criticism.* New York: Schirmer, 1997, S. 153.

Notenbeispiel 8: Robert Wilson/Philip Glass: *Einstein on the Beach,* II. Akt, 2. Szene, Ziffern A–C (Partitur Theodore Presser Music Publishers, Bryn Mawr, Pennsylvania, o.J., S. 92).

sinnfälligen Wörtern unterlegt. Diese Texte, von denen die meisten von Christopher Knowles stammen – einem autistischen jungen Lyriker, mit dem Wilson bereits früher intensiv zusammengearbeitet hatte –, beschränken sich hauptsächlich auf ‹Knee-Plays›, also auf die vor geschlossenem Vorhang zu spielenden Zwischenakte.

Wo ist aber der Platz Albert Einsteins in dieser Oper, in der er wohlgemerkt nicht als klar umgrenzte Figur im klassischen Sinne auftritt? Nur vage lassen sich die drei Bilderzyklen von Wilsons visueller Dramaturgie – Eisenbahn, Gerichtsgebäude und Raumschiff – mit der Tätigkeit des berühmten Physikers assoziieren: So spielt die Eisenbahn gleichermassen auf Einsteins Veranschaulichung der Relativitätstheorie durch einen fahrenden Zug an wie auf seine kindliche Leidenschaft für Spielzeugeisenbahnen. Das Gericht – im zweiten Akt als Simultanbühne um ein Gefängnis erweitert – thematisiert die Frage nach Verantwortung und Schuld wissenschaftlicher Erkenntnis (ähnlich wie übrigens in der Gerichtsszene im dritten Akt von Dessaus Oper, in der Einstein dazu verurteilt wird, «solange Sie leben / sowie nach Ihrem Tode / für die Waffen, die / Sie erdacht haben und abschaffen wollen / in einem fort / geehrt zu werden»[20]). Das Raumschiff wiederum, das im Verlauf des Werkes vom Bühnenhintergrund aus immer näher an die Zuschauer heranrückt, versinnbildlicht die Zukunftsdimension der Wissenschaft. War der Protagonist Einstein bei Dessau auf der Folie einer ‹Zeitoper› als Symbol ‹entpersonalisiert› worden, so tritt er bei Glass nicht einmal mehr als klar umris-

20 Librettoabdruck in: *Theater der Zeit* 29 (1974), H. 5, S. 63.

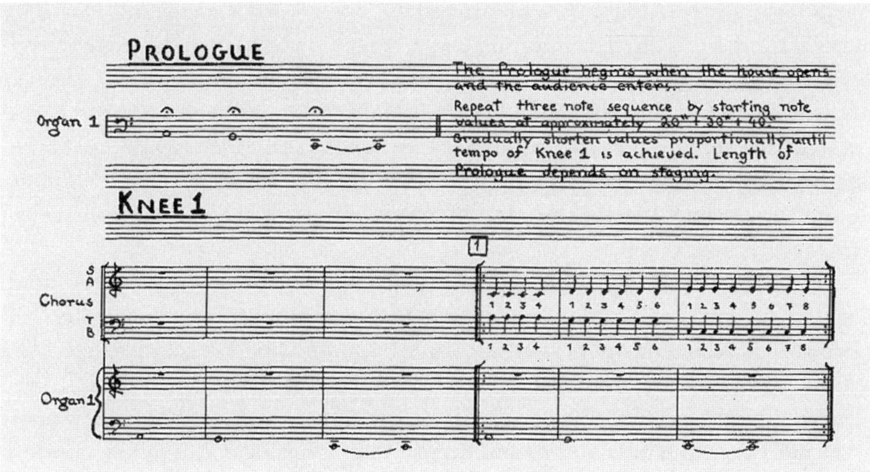

Notenbeispiel 9: Robert Wilson/Philip Glass: *Einstein on the Beach,* Prolog, Ziffern 0–1 (Partitur Theodore Presser Music Publishers, Bryn Mawr, Pennsylvania, o.J., S. 1).

sene Bühnenfigur auf – er verbleibt im Stadium einer wenig konzisen, assoziativen Idee, die sich über das ganze Werk legt. Immerhin schlüpfen in konkreten Situationen einzelne der 23 Darsteller sozusagen in die Kleider des grossen Physikers: Einmal sieht der Zuschauer am Bühnenrand einen Geiger mit der Maske Einsteins, dann einen Wissenschaftler, der mathematische Formeln an die Tafel schreibt, und schliesslich in Aufspaltung auf mehrere Darsteller einen ‹Jedermann-Einstein› in grauer Hose. Jeder und keiner ist Einstein, alles beschränkt sich auf mehr oder weniger vage Anspielungen. Entsprechend sucht man auf der Szenerie auch vergeblich nach einem Strand, handelt es sich dabei doch um eine nicht weiter aufgegriffene Anlehnung an den Roman *On the Beach* von Nevil Shute aus dem Jahre 1957, der die Vernichtung der Menschheit durch eine Atombombe behandelt.

Bei einer ununterbrochenen Aufführungsdauer von fast fünf Stunden bestand die grösste kompositorische Herausforderung für Glass wohl darin, aus einem äusserst reduzierten Material musikalische Grossformen zu generieren. Hierzu dienten ihm hauptsächlich zyklische Strukturen, mit denen er bereits in seiner zwischen 1971 und 1974 entstandenen monumentalen *Music in Twelve Parts* experimentiert hatte. Als Ausgangsmaterial zog er dabei rhythmische Muster unterschiedlicher Länge heran, die durch Repetition und Übereinanderschichtung immer neue kontrapunktische Konstellationen ergeben und – in Abhängigkeit von der Anzahl und Länge der verwendeten «patterns» – nach einem bestimmten Ablauf ihre ursprüngliche Form wiedererlangen.[21] Das erste Beispiel für diese Technik in *Einstein on the Beach* findet sich in der ersten Szene des ersten Aktes («Train»). Im zweiten Abschnitt dieser Nummer werden vier aus acht Achtelnoten bestehende Figuren (Pikkoloflöte, Oberstimme der Orgel 1, Orgel 2 beide Stimmen) während der gleichen Zeitdauer jeweils dreimal repetiert, in der die beiden Saxophone, die beiden Gesangsstimmen sowie die Unterstimme der ersten Orgel ihre aus drei Viertelnoten bestehenden Tongruppen viermal wiederholen.

In *Einstein on the Beach* bleiben diese einfachen Abläufe nicht auf harmonisch statische Muster beschränkt, wie dies in früheren Stücken von Glass der Fall gewesen ist. Vielmehr operiert er auch mit harmonischen Fortschreitungen, die ebenfalls zyklisch aneinandergereiht werden. Exemplarisch sei der Beginn von «Dance 1» angeführt, der ersten Szene im zweiten Akt: Mit dieser Nummer kommt nicht nur die Exposition der geschilderten Bildräume zum Abschluss, sondern auch die Einführung des gesamten innerhalb der Oper verwendeten musikalischen Materials.[22] Alle späteren Szenen rekurrieren ausnahmslos auf die bereits bekannten Strukturen, und zwar jeweils auf diejenigen des entsprechenden Bilderzyklus.

Neben rhythmischen und harmonischen Zyklen bildet die ‹lineare Addition› das dritte und einfachste der für *Einstein on the Beach* massgeblichen kompositorischen Verfahren: Dabei werden einer ständig wiederholten Konfiguration von Tönen nach und nach Einzelnoten hinzugefügt, so dass sich kontinuierlich melodische Veränderungen und rhythmische Verschiebungen ergeben (Stichwort: ‹Teilchenmusik›). Als typisches Beispiel für diese Form der linearen Addition lässt sich die «Introduction to Night Train» anführen, wo der Figur *B* eine Anfangsnote, der Figur *C* zwei Endnoten hinzugefügt werden.

Der Prolog, der musikalisch lediglich die permanente Repetition der drei Töne *a*, *g* und *c* vorsieht, setzt bereits ein, bevor die Zuschauer den Saal betreten, und endet, wenn alle ihre Plätze eingenommen haben. Dabei intoniert die Orgel das Dreitonmotiv in Basslage mit stetig anwachsender Geschwindigkeit, bis das im anschliessenden ‹Knee-Play› gewünschte Tempo erreicht wird. Dort fungiert das Modell als ‹Basso ostinato›, über dem ein zweistimmiger Chorsatz erklingt, dessen metrischer Aufbau nach dem Prinzip der linearen Addition gestaltet ist. Als zentrales Charakteristikum erscheint nun ein dreitöniges Motiv in der Oberstimme des Chores. Die elementare Konfiguration eines aufsteigenden und eines absinkenden Dreitonmotivs, von Milos Raikovich als das «Core Motive» bezeich-

21 Vgl. Philip Glass: *Opera on the Beach. Philip Glass on His New World of Music Theatre.* Hrsg. von Robert T. Jones. London: Faber and Faber, 1987, S. 59.

22 Vgl. Milos Raikovich: *"Einstein on the Beach" by Philip Glass. A musical analysis.* Dissertation, Ann Arbor (UMI): City University of New York, 1994, S. 27.

net, bildet gleichsam den Nukleus, aus dem die gesamte melodische Substanz des Werkes abgeleitet ist.[23]

Wenngleich auf eine nähere Betrachtung der einzelnen Musiknummern verzichtet werden muss,[24] sei doch zumindest auf einzelne, die erwähnten Eigenschaften des postdramatischen Theaters betreffende Aspekte hingewiesen. So offenbart sich das Prinzip der Dehierarchisierung nicht nur im Verhältnis der Zeichensysteme, sondern wirkt sich auch auf die Relation zwischen den musikalischen Parametern aus. Keine der Nummern ist in Abschnitte unterteilbar, die sich mit traditionellen Formbegriffen wie Thema, Überleitung, Schlussgruppe oder ähnlichem titulieren liessen; alles ist in gleicher Weise ‹thematisch› wirksam. Hinzu kommt eine synchrone Rhythmik sämtlicher Stimmen, die Subordinationsverhältnisse innerhalb der Besetzung von vornherein unmöglich macht, wobei ein monotoner Eindruck durch systematische Wechsel der Instrumental- und Vokalkombinationen von Szene zu Szene vermieden wird. Während Dessau in seiner Oper die Person Einstein – wenn auch auf das Parabelhafte reduziert – in den Mittelpunkt gestellt hatte, erscheint in diesem theatralischen Projekt das Individuum letztlich atomisiert, nur indirekt wahrnehmbar als Fokus eines abstrakten Spiels mit Bühnenraum und musikalischer Zeitgestaltung.

III.

Kommen wir abschliessend zur dritten Einstein-Oper, jener des 1960 in Antwerpen geborenen Komponisten Dirk D'Ase: Das Werk war im Jahr 2004 anlässlich von Einsteins 125. Geburtstag von seiner Geburtsstadt Ulm in Auftrag gegeben worden. Im Unterschied zu den beiden Kompositionen von Dessau und Glass handelt es sich bei *Einstein – Die Spuren des Lichts* um ein zweiaktiges Musikdrama vergleichsweise traditionellen Zuschnitts. Das Libretto von Joachim Stiller beruht auf einer genau definierten, wenngleich nicht historisch authentischen Fabel. Ihre ‹Authentizität› erhält das Stück freilich nur dadurch, dass das kolportagehafte Textbuch mit Einstein-Zitaten nachgerade gespickt ist. Das Stück spielt hauptsächlich im Herbst 1954, mit Albert Einsteins Haus sowie seinem Institut in Princeton als Schauplatz. Diese Haupthandlung alterniert mit überwiegend gesprochenen Szenen zwischen zwei Piloten, die sich (neun Jahre früher) auf dem Flug zum Abwurf der ersten Atombombe nach Hiroshima befinden. Eine dritte Ebene bilden die völlig von der Fabel losgelösten Chornummern auf japanische

23 Vgl. ebenda, S. 36–52.

24 Eine ausführliche Analyse enthält auch die Dissertation von Robert Haskins: *The music of Philip Glass, 1965–1975. An analysis of two selected early works and "Einstein on the Beach"*. Dissertation, Ann Arbor (UMI): Johns Hopkins University, 1992, S. 43–106.

Haikus, die – ähnlich dem Hiroshima-Chor in Dessaus Oper – vom Tonband eingespielt werden.[25] Diese beständig aufgegriffenen Nebenstränge erhalten auch dadurch zusätzliches Gewicht, dass während der Haupthandlung als beinahe einziges Bühnenbildelement permanent eine Imitation der ersten Atombombe über der Szene schwebt. Fast zwangsläufig endet das Stück schliesslich mit dem Abwurf des Requisits.[26]

Wie bei Dessau und Glass – oder wie in erfolgreichen Sprechdramen der 1960er Jahre – steht also auch hier die Verantwortung des Physikers für die militärische Nutzung naturwissenschaftlicher Erkenntnisse im Fokus der Dramaturgie. Mehr noch: Bei einem weniger informierten Theaterbesucher muss die Oper von D'Ase sogar den irrigen Eindruck hervorrufen, dass Einstein selbst der Erfinder der Atombombe gewesen sei. Eine zweite, ebenso befremdliche Botschaft liefert die Haupthandlung, geht es hier doch um den Vorwurf, Einstein habe die Relativitätstheorie gar nicht selbst entwickelt.

Geradezu naturalistisch mutet die Personencharakterisierung an, die selbst vor plakativen Klischees nicht zurückschreckt: «Albert Einstein, Anfang 75, unordentliche Kleidung, trägt Sandalen ohne Socken / Hollberg, ein fanatischer Erpresser in undefinierbarem Alter, arrogant und unappetitlich / Sarah, um die 30, Fotografin, klug, eifrig und attraktiv.» Zu Beginn des ersten Aktes bezichtigt Hollberg den alten Professor, die Relativitätstheorie von einem Kollegen gestohlen zu haben. Als der Beschuldigte dem Verleumder die Tür weist, tritt Sarah hinzu, die einen Fototermin mit Einstein vereinbart hatte. Im Gespräch über Lichtgeschwindigkeiten und Kometen kommen sich Sarah und Einstein näher, zumindest bis der Hausmeister Franklin hereinstürzt und von einer Brandstiftung im nahe gelegenen Institut berichtet. Im zweiten Akt wird Sarah von Hollberg bedroht, der ihre Kamera zerstört. Später beabsichtigt Hollberg, die jüngsten Aufzeichnungen Einsteins zu vernichten, worauf dieser gleich selbst seine Arbeiten verbrennt (ähnlich wie es, wenngleich aus etwas anderen Motiven, Dessaus Einstein getan hatte).

Für die Vertonung dieser reichlich abstrusen Geschichte wählte Dirk D'Ase relativ aufwendige kompositorische Verfahren. So basiert das gesamte in der

25 Dies deutet – ebenso wie verschiedene andere Parallelen – auf ein gründliches Studium der Oper Dessaus durch Stiller und D'Ase hin.

26 Zu diesem Schluss, der die drei Ebenen zusammenführt, bietet das Libretto folgende szenische Anweisungen: «Colonel Tibetts und Captain Lewis setzen die Schutzbrillen auf. Der hohe lange Orchesterakkord symbolisiert den hohen Ton, der im Flugzeug aktiviert wurde, um den Abwurf bei der Mannschaft anzukündigen. – Unbeschreiblich helles Licht durchflutet den Raum. Einstein bleibt von der anschliessenden Schockwelle unbeeindruckt. Die Gardinen flattern im Luftzug, Papierblätter werden durchs Zimmer geschleudert und ein Sessel kippt um. Langsam hebt Einstein den umgekippten Sessel wieder auf, setzt sich und starrt nachdenklich vor sich hin. Ein Nachspiel unterstreicht die Auflösung von Raum und Zeit.»

Partitur verwendete musikalische Material auf einer umfassenden Klangsymbolik, die D'Ase selbst detailliert dargelegt hat. Phänomenologisch lässt sie sich in drei Hauptgruppen unterteilen: 1. Zahlensymbole, 2. akustisch-visualisierte Symbole (beispielsweise ‹Lichtpartikel›) und 3. musikalische Symbole in Form von Zitaten und Stilzitaten. Am stärksten symbolisch charakterisiert ist die Figur Einstein. Der Komponist gibt diesbezüglich die folgenden Hinweise: «Einstein wird mit sieben Tönen symbolisiert. Sieben ist die Zahl der Vollkommenheit (3 [Zahl des Göttlichen] + 4 [Zahl des Irdischen] = 7), womit das Ausmass seiner geistigen und weltlich-sozialen Überlegenheit unterstrichen wird. Diese sieben Töne werden grundsätzlich von vier kontrapunktisch eingesetzten Stimmen begleitet, wodurch ein fünfstimmiger Kontrapunkt entsteht (4 + 1). Die Zahl Fünf ist die Zahl des Wandels, der Sinnlichkeit und des Abenteuers. Einstein hat trotz seiner ungeheuerlichen Intelligenz sein Leben in vollen Zügen genossen. Durch die horizontale Verwendung der Sieben als Linie und ihrer kontrapunktischen, vertikalen Verarbeitung in fünf Stimmen werden die wichtigsten Pfeiler seines Wesens zahlensymbolisch dargestellt: Weisheit (3), Stärke (4) und Schönheit (5). Die wissenschaftliche Arbeit wird durch eine agile Linie über fast drei Oktaven dargestellt. Der Gegensatz, die verlorene Arbeit, wie das Streitigmachen der Relativitätstheorie, das Verbrennen der Unterlagen oder die apokalyptische Vernichtung durch die Atombombe, wird durch die serielle Umkehrung der agilen Arbeitslinie nachempfunden. [...] Der Visions- und Relativitätstheorieakkord ist ein neun-stimmiger Akkord, der sich durch die

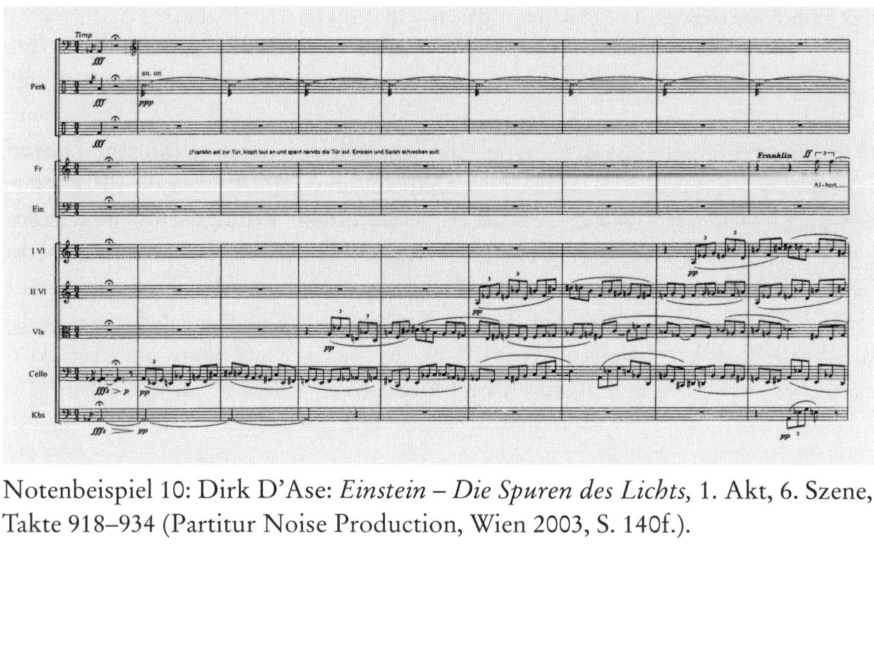

Notenbeispiel 10: Dirk D'Ase: *Einstein – Die Spuren des Lichts*, 1. Akt, 6. Szene, Takte 918–934 (Partitur Noise Production, Wien 2003, S. 140f.).

ganze Oper bewegt. Die Hauptbedeutung der Neun ist, dass sie die Macht der göttlichen Zahl als mathematische Potenz von drei zeigt. Der Akkord in seiner multiplen Zerlegung erscheint überall dort, wo das Visionäre und Ungreifbare stattfindet.»[27]

An einem Beispiel, dem Finale des ersten Aktes mit dem Feuer in Einsteins Institut, sei wenigstens ansatzweise die Verwendung dieser eigenwilligen Zahlensymbolik erörtert. Die aggressive, destruktive Musik des Erpressers und Brandstifters Hollberg entwickelt sich kreisförmig, gleichsam in einer Spirale der Gewalt. Sie bewegt sich vor allem in Triolenfiguren, die sich allmählich aufwärts schrauben. Hollbergs ‹Feuermusik› basiert auf einer Reihe von 21 Tönen, die sich kanonisch ausbreitet. Dabei wird die 21 wegen ihrer Eigenschaft als siebente Zahl der Fibonacci-Reihe (1, 1 + 1 = 2, 1 + 2 = 3, 2 + 3 = 5, 3 + 5 = 8, 5 + 8 = 13, 8 + 13 = 21) verwendet. Die Entwicklung der Reihe soll zugleich die rasche Verbreitung des Feuers symbolisieren, wobei jeder Funken einen immer grösser werdenden Brand auslöst.[28] Freilich wird die Wirkung dieser sorgsam ausgeführten Instrumentalkomposition durch die unfreiwillige Komik der gleichzeitigen Unterredung zwischen Franklin, Einstein und Sarah konterkariert: Die erregte Feuermeldung des Hausmeisters («Albert, Albert. Du musst sofort kommen!») kommentiert der Professor mit mässiger Betroffenheit («Ein Feuer! Das hat uns gerade noch gefehlt»), während Sarah sich sofort ihrer professionellen Verantwortung bewusst wird («Meine Kamera! Das darf ich nicht vermasseln»). Sodann sucht Einstein seine Schuhe, und Sarah, seine nackten Füsse betrachtend, ermahnt ihn: «Vergessen Sie Ihre Socken nicht!» Schliesslich hält Einstein resigniert inne: «Benjamin, das Feuer werden andere löschen müssen. Ich bin ein alter Mann.»

IV.

Drei Einstein-Opern aus den letzten drei Jahrzehnten – drei vollkommen unterschiedliche Welten des Musiktheaters. Gemeinsam ist ihnen im dramaturgischen Umgang mit Albert Einstein die Reflexion existentieller Probleme und Bedrohungen, insbesondere die Gefahr des Atomkrieges. In einer Zeit der ‹Relativität› jeglichen Wissens symbolisiert der Begründer der Relativitätstheorie zugleich eine Grunderfahrung des Menschen im 20. Jahrhundert. Dabei erscheint der weltberühmte Physiker jeweils als Kunstfigur, die weniger zur biographischen Auseinandersetzung mit dem realen Albert Einstein als vielmehr zur bisweilen recht

27 Dirk D'Ase: Die Klangsymbole in der Oper «Einstein – Die Spuren des Lichts». In: *Programmheft Ulmer Theater, Spielzeit 2003/04,* Nr. 133, S. 37f.

28 Vgl. ebenda, S. 39–41.

didaktisch gefärbten Versuchsanordnung experimenteller Formen und Ausdrucksmöglichkeiten anregte: bei Dessau vor allem durch die Montage von heterogenem musikalischem Material, bei Glass in der Gestaltung musikalischer Strukturen nach additiven und zyklischen Prinzipien und schliesslich bei D'Ase in der Konstruktion einer mathematisch ausdifferenzierten Klangsymbolik. Während Dessaus Oper vor allem aufgrund ihrer ideologischen Implikationen und diejenige D'Ase' eher wegen der allzu biederen Darstellung einer gänzlich unplausiblen Handlung künftig wohl kaum mehr auf den Spielplänen der Theater anzutreffen sein dürften,[29] erfreut sich *Einstein on the Beach* bei Theatermachern, Musikern und Publikum weiterhin grosser Beliebtheit, wie jüngste Aufführungen und Einspielungen aus Anlass des Einstein-Jahres belegen. Vielleicht ist der relative Erfolg dieser «Opera» auch dadurch zu erklären, dass die radikale Abkehr von einer konventionellen Operndramaturgie am ehesten einer frei assoziativen Wahrnehmung des Physikers Einstein als ‹Popikone› entspricht, wie sie etwa auch in Andy Warhols Porträt von 1980 zum Ausdruck kommt. Mit der ideologisch eindeutig konturierten Frage nach der Verantwortung, wenn nicht sogar nach der Schuld des Naturwissenschaftlers knüpft freilich auch das Projekt von Philip Glass und Robert Wilson – wiewohl weniger plakativ als die Opern von Dessau und D'Ase – an eine Thematik an, die das deutschsprachige Sprechtheater bereits vor der Mitte der 1960er Jahre mit grossem Erfolg behandelt hatte: in Bertolt Brechts *Leben des Galilei* (1943), in Friedrich Dürrenmatts *Die Physiker* (1962) und in Heinar Kipphardts *In der Sache J. Robert Oppenheimer* (1964). Der Name des Autors der Relativitätstheorie scheint in den hier vorgestellten Opern deshalb letztlich nichts anderes als eine Etikette für den Phänotyp des modernen Physikers zu sein, dessen gesellschaftliche Rolle während und nach dem Zweiten Weltkrieg ins öffentliche Bewusstsein gerückt und dadurch bühnenfähig geworden war. Austauschbar ist diese Etikette freilich nicht. Gerade mit dem einzigartigen Bekanntheitsgrad Einsteins dürfte sich das Interesse der Opernlibrettisten und Opernkomponisten am 1879 in Ulm geborenen Nobelpreisträger ausreichend erklären lassen: Kein anderer Name garantierte in der Öffentlichkeit eine derart direkte Assoziation mit einer Physik, die Laien unverständlich schien und die für die Verheerungen der modernen Kriegführung verantwortlich gemacht werden konnte.

29 Dessaus *Einstein* kam 1995 am Theater Stralsund (das inzwischen mit dem Theater Greifswald fusioniert wurde) zur Aufführung und im April 2006 in einer Neuinszenierung am Theater Dortmund. Dirk D'Ase kündigte nach der Ulmer Premiere eine Überarbeitung seiner Partitur an.

Dank

Ohne vielfältige Unterstützung hätte sich dieses Buch ebensowenig realisieren lassen wie die im Juni 2005 vorangegangene Tagung. So ist es uns eine angenehme Pflicht, zuallererst Prof. Dr. Gerd Grasshoff, dem Präsidenten des «Forum Einstein 2005 Bern», ganz herzlich zu danken: Mit ihm zusammen wurde die erste Initiative für dieses Projekt entwickelt, das schliesslich dank seines Engagements im Rahmen des «Forum Einstein 2005 Bern» durchgeführt werden konnte. Nicht zuletzt hat Gerd Grasshoff sich auch dafür eingesetzt, dass durch einen grosszügigen Druckkostenzuschuss der Philosophisch-historischen Fakultät der Universität Bern das vorliegende Buch in dieser Form erscheinen konnte. Des weiteren sei auch dem Max und Elsa Beer-Brawand-Fonds, dem Gerber Projektmanagement, dem Grafikbüro Weber & Partner und der Schweizerischen Musikforschenden Gesellschaft gedankt. Für die jederzeit gewährte Unterstützung in organisatorischen und editorischen Fragen danken wir sehr herzlich Katharina Schaffer vom Institut für Philosophie der Universität Bern sowie Barbara Wolff und dem Albert-Einstein-Archiv der Hebräischen Universität in Jerusalem. Ein herzliches Dankeschön für die Mithilfe bei der Durchführung der Tagung und bei redaktionellen Detailfragen gebührt zudem den Mitarbeiterinnen und Mitarbeitern des Instituts für Musikwissenschaft der Universität Bern, namentlich Daniel Allenbach, Lea Hinden, Anna Katharina Jampen, Michael Matter, Reto Schürch, Dr. Arne Stollberg, Gerda Templin und Delia Zürcher. Als Glücksfall erwies sich schliesslich die Zusammenarbeit mit dem Schwabe Verlag in Basel, dessen Leiter Dr. David Marc Hoffmann sich dieses Projekts angenommen und es in das Verlagsprogramm aufgenommen hat.

Personenregister

Das Signet des 1488 gegründeten
Druck- und Verlagshauses Schwabe
reicht zurück in die Anfänge der
Buchdruckerkunst und stammt aus
dem Umkreis von Hans Holbein.
Es ist die Druckermarke der Petri;
sie illustriert die Bibelstelle
Jeremia 23,29: «Ist nicht mein Wort
wie Feuer, spricht der Herr,
und wie ein Hammer, der Felsen
zerschmettert?»